华北平原
主要农业外来入侵植物
图鉴与防控

王 慧 杨殿林 张艳军 张海芳 等 著

中国农业科学技术出版社

图书在版编目（CIP）数据

华北平原主要农业外来入侵植物图鉴与防控/王慧等著. -- 北京：中国农业科学技术出版社，2024.12.
ISBN 978-7-5116-7190-5

Ⅰ．S45-62

中国国家版本馆 CIP 数据核字第 20246L8Q06 号

责任编辑	王惟萍
责任校对	王　彦
责任印制	姜义伟　王思文

出 版 者	中国农业科学技术出版社
	北京市中关村南大街 12 号　　邮编：100081
电　　话	（010）82106643（编辑室）　（010）82106624（发行部）
	（010）82109709（读者服务部）
网　　址	https://castp.caas.cn
经 销 者	各地新华书店
印 刷 者	北京科信印刷有限公司
开　　本	148 mm×210 mm　1/32
印　　张	8.25
字　　数	210 千字
版　　次	2024 年 12 月第 1 版　2024 年 12 月第 1 次印刷
定　　价	98.00 元

◆ 版权所有·侵权必究 ◆

《华北平原主要农业外来入侵植物图鉴与防控》

著 者 名 单

王　慧	杨殿林	张艳军	张海芳	刘红梅
赵建宁	张贵龙	徐　艳	李睿颖	高晶晶
李　洁	王丽丽	谭炳昌	安克锐	王慧玲
颜　越	吴鸿斌	刘　莉	樊林染	李佳璐
米春晓	吕宏伟	郭佳祺	向子怡	樊　平
宋　芸	王学忠	黄兰媚	贾梦圆	张思宇
祁小旭	李青梅	田佳源	张玲玲	耿以工
赵丽萍	李　美	林建勇	马仲辉	姜德锋
王俊玲	魏同科	石占飞	宋春雨	

图片拍摄

王　慧	李睿颖	林建勇	马仲辉	姜德锋
王俊玲	于胜祥	李振宇	徐克学	孙李光

前言
PREFACE

　　本书所包括的81种外来入侵植物是近年来在华北平原地区发生且危害较为严重的物种，均为农业农村部发布的《重点管理外来入侵物种名录》、农业农村部和海关总署联合发布的《中华人民共和国进境检疫性有害生物名录》、生态环境部发布的《中国外来入侵物种名单》中列出的以及公众关注的危害农业生产和自然生态环境较为严重的外来入侵植物。每个物种按照拉丁名、别名、分类地位、分布范围、入侵中国的最早记载、形态及生物学特征、繁殖方式、扩散途径、危害生境、主要危害及防控措施等条目形式进行详细描述，并配以植物生育期主要特征图片及发生生境图片。为了便于使用者进行物种鉴别，将主要入侵植物按照相似的发生生境、形态特征、花期和果期列出，尽可能描述容易混淆植物的识别特征。

　　书中的照片均来自著者团队成员及其合作作者近几年野外调研拍摄资料。由于掌握资料有限，关于植物形态的描述和相似物种间的比较，难免存在不足和疏漏之处，恳请读者指正、反馈。

　　本书由农业外来入侵生物监测、预警与综合防治2022—2023政府采购项目资助出版。

著　者

2024年6月于天津

目 录
CONTENTS

一. 菊科

1. 银胶菊 　　　　　　3
2. 加拿大一枝黄花 　　5
3. 印加孔雀草 　　　　7
4. 豚草 　　　　　　　11
5. 三裂叶豚草 　　　　13
6. 续断菊 　　　　　　16
7. 苦苣菜 　　　　　　19
8. 钻叶紫菀 　　　　　22
9. 菊苣 　　　　　　　24
10. 假臭草 　　　　　　27
11. 藿香蓟 　　　　　　31
12. 黄顶菊 　　　　　　35
13. 婆婆针 　　　　　　38
14. 大狼杷草 　　　　　41
15. 鬼针草 　　　　　　43
16. 香丝草 　　　　　　46

17. 一年蓬　　　　　49

18. 小蓬草　　　　　51

19. 苏门白酒草　　　54

20. 北美苍耳　　　　57

21. 刺苍耳　　　　　59

22. 假苍耳　　　　　62

23. 意大利苍耳　　　66

二. 苋科

24. 反枝苋　　　　　71

25. 绿穗苋　　　　　73

26. 刺苋　　　　　　76

27. 凹头苋　　　　　78

28. 皱果苋　　　　　81

29. 北美苋　　　　　83

30. 合被苋　　　　　87

31. 千穗谷　　　　　89

32. 长芒苋　　　　　92

33. 刺花莲子草　　　95

34. 喜旱莲子草　　　98

35. 小藜　　　　　　101

36. 灰绿藜　　　　　103

37. 杂配藜　　　　　106

38. 土荆芥　　　　　108

三. 禾本科

  39. 野燕麦   113

  40. 节节麦   116

  41. 扁穗雀麦   119

  42. 大米草   121

  43. 互花米草   124

  44. 假高粱   127

  45. 多花黑麦草   129

  46. 毒麦   132

四. 茄科

  47. 苦蘵   139

  48. 假酸浆   142

  49. 北美刺茄   144

  50. 曼陀罗   147

  51. 毛曼陀罗   150

  52. 洋金花   153

五. 大戟科

  53. 斑地锦草   159

  54. 齿裂大戟   161

55. 匍匐大戟　　　　　165

56. 通奶草　　　　　　167

57. 蓖麻　　　　　　　169

六. 旋花科

58. 原野菟丝子　　　　175

59. 变色牵牛　　　　　178

60. 圆叶牵牛　　　　　181

61. 三裂叶薯　　　　　183

七. 豆科

62. 钝叶决明　　　　　189

63. 含羞草　　　　　　192

64. 白车轴草　　　　　195

65. 紫穗槐　　　　　　198

八. 十字花科

66. 弯曲碎米荠　　　　205

67. 北美独行菜　　　　208

68. 密花独行菜　　　　210

九. 其他科

69. 细叶旱芹（伞形科）	215
70. 大麻（桑科）	217
71. 大花酢浆草（酢浆草科）	220
72. 凤眼莲（雨久花科）	222
73. 土人参（土人参科）	226
74. 大薸（天南星科）	228
75. 垂序商陆（商陆科）	232
76. 五叶地锦（葡萄科）	235
77. 野老鹳草（牻牛儿苗科）	237
78. 小花山桃草（柳叶菜科）	239
79. 苘麻（锦葵科）	242
80. 刺果瓜（葫芦科）	245
81. 北美车前（车前科）	248

菊 科

华北平原主要农业外来入侵植物图鉴与防控

一 菊 科

1. 银胶菊

【拉 丁 名】*Parthenium hysterophorus* L.
【别　　名】银色橡胶菊、野益母艾
【分类地位】菊科银胶菊属
【分布范围】原产美国得克萨斯州及墨西哥北部，现已入侵山东、云南、贵州、广西、广东、海南、香港和福建等地。
【入侵中国的最早记载】1926年在云南采到标本。
【形态及生物学特征】
　　一年生草本；茎多分枝，被柔毛；茎下部和中部叶二回羽状深裂，卵形或椭圆形，连叶柄长10～19 cm，羽片3～4对，卵形，小羽片卵状或长圆状，常具齿，上面疏被基部疣状糙毛，下面毛较密柔软；上部叶无柄，羽裂，裂片线状长圆形，有时指状3裂；头状花序多数，径3～4 mm，在茎枝顶端排成伞房状，花序梗长3～8 mm，被粗毛；总苞宽钟形或近半球形，径约5 mm，总苞片2层，每层5，外层卵形，背面被柔毛，内层较薄，近圆形，边缘近膜质，上部被柔毛；舌状花1层，5个，白色，舌片卵形或卵圆形，先端2裂；管状花多数，檐部4浅裂，具乳突；雄蕊4。花期4—10月。
【繁殖方式】银胶菊一般通过子实繁殖传播。
【扩散途径】银胶菊的扩散蔓延主要分为近距离传播和远距离传播，近距离传播主要借助农事操作、雨水流动、风力等。远距离传播以人畜携带、车辆（机动车辆和非机动车辆）携带传播和随河水流动传播为最重要的途径。

【危害生境】其发生地主要分布在城镇街道路旁、乡村路边、田埂、河流沟渠两侧、闲置农田。

【主要危害】银胶菊的危害主要有3个方面，首先，银胶菊在入侵地可造成极大的经济损失。研究表明，在其大量分布的作物田及牧场，可造成作物和牧草产量损失40%～90%。其次，对接触到的人、畜、禽等，可引起皮肤过敏及哮喘等疾病。最后，它极易在入侵区形成单一群落，对入侵地的生物多样性造成极大威胁。

【防控措施】

（1）物理防控：加强检验检疫，加大人工拔除力度。

（2）化学防控：在银胶菊2～5叶期茎叶喷雾处理，效果较好的药剂有硝磺草酮、莠去津、异丙隆、苯磺隆、二氯吡啶酸、氨氯吡啶酸、苯唑草酮。在银胶菊5~8叶期茎叶喷雾处理，效果较好的药剂有硝磺草酮、莠去津、草甘膦、三氯吡氧乙酸、苯磺隆、二氯吡啶酸、氨氯吡啶酸。

（3）农业防控：①采用秸秆覆盖法控制银胶菊种子萌发；②种植替代植物控制银胶菊危害：农田可以因地制宜种植小麦、玉米、棉花、大豆、花生等作物，坡地、路边、河流沟渠两侧等可以种植绿化植物或绿肥植物；③利用农机具拔草、锄草、中耕除草等方法直接清除银胶菊植株，集中焚毁清理。

2. 加拿大一枝黄花

【拉　丁　名】*Solidago canadensis* L.
【别　　　名】金棒草、黄莺、麒麟草、幸福草
【分类地位】菊科一枝黄花属
【分布范围】原产北美洲，在我国主要分布于山东、河南、江苏、安徽、浙江、上海、湖北、湖南、福建、广东、广西、江西、重庆等地。
【入侵中国的最早记载】1935年作为观赏植物引入我国。
【形态及生物学特征】

多年生草本，有长根状茎。茎直立，高达2.5 m。叶披针形或线状披针形，长5~12 cm。头状花序很小，长4~6 mm，花序分枝上单面着生，多数弯曲的花序分枝与单面着生的头状花序，形成开展的圆锥状花序。总苞片线状披针形，长3~4 mm。边缘舌状花很短。蝎尾状圆锥花序，长10~50 cm，具向外伸展的分支。花果期10—11月。

【繁殖方式】以根状茎和种子2种方式进行繁殖。
【扩散途径】种子随风传播和根状茎横走传播，顺铁路、高速公路沿线发展。

【危害生境】主要生长在开阔的、不受干扰的生境，如闲置地、疏林地、路边、荒地、路边、农田、果园、苗圃、园林绿地、护坡地等。

【主要危害】加拿大一枝黄花生长迅速、竞争力强、植株高大，入侵后极易形成单一优势群落，其危害主要表现为破坏本地生态系统、生物多样性和危害道路及园林绿地景观，影响农作物的产量和质量。

一 菊 科

【防控措施】

（1）监测预警：对从有加拿大一枝黄花分布国家进口和国内发生区调运的粮食作物和花卉的种子、苗木等加强检疫，防止加拿大一枝黄花的种子和植株传入本地，对潜在的传入和扩散地加强监测、及时发现并处置。

（2）物理防控：一般应在种子成熟之前采用人工拔除或机械防除，需要注意将地下根状茎清除干净，以免再生。

（3）化学防控：在其苗期或成株期使用化学除草剂，防除效果较好。可利用灭生性除草剂，如草甘膦等，对加拿大一枝黄花进行防治，这些除草剂不仅能够防除地上部分，还能防治根系，同时遇到土壤会钝化，避免对生态环境造成污染。也可使用氯氟吡氧乙酸加草铵膦，在其幼苗期进行防治，防效可达90%以上。

（4）复耕复种：加拿大一枝黄花经有效防治后，应根据不同生境土地的功能进行复耕复种，以免加拿大一枝黄花再次侵占。例如，闲置农田防治后可种植作物；绿化带或公园绿地放置后可种植相应的观赏或绿化植物。

3. 印加孔雀草

【拉　丁　名】*Tagetes minuta* L.

【别　　　名】小孔雀草、矮万寿菊、南方万寿菊、臭罗杰、野生万寿菊、黑薄荷、阿兹特克万寿菊、墨西哥万寿菊

【分类地位】菊科万寿菊属

【分布范围】原产南美洲南部，我国山东、北京、河北、西藏、台湾等地有分布。

【入侵中国的最早记载】2006年在台湾发现了归化的印加孔雀草。

【形态及生物学特征】

一年生草本，株高10～250 cm，植株具有万寿菊属特有的芳香。茎具肋、腺，无毛，多分枝（尤其较大的植株）。叶多数对生，通常在上半部分互生，暗绿色，羽状复叶，叶轴具狭翅，有9～17个小叶，小叶线状披针形，长可达2～4 cm，边缘具细锯齿，且具有橙色腺体。

头状花序多数，在茎顶排列呈伞房状；总苞8～12 mm，狭圆柱状；有3或4个叶状苞，黄绿色，混合状，光滑，并伴有棕色或橙色线性腺体；每个头状花序具2～3个舌状花，淡黄色至奶油色，长2～3.5 mm；有4～7个管状花，黄色至深黄色，长4～5 mm。瘦果黑色，线性，长6～7 mm，具白伏毛；冠毛有1或2个3 mm的刚毛，3或4个1 mm的鳞片，顶端有纤毛。头状花序密集，在茎顶排列成伞房花序。

一 菊 科

【繁殖方式】种子繁殖，单株种子量一般为6 000～9 000粒，最高达460 000多粒。

【扩散途径】主要通过农产品调运、货物贸易、交通工具、收割机械等远距离传播，可借助水流、风力等近距离扩散。

【危害生境】最易在受干扰频繁的公路沿线、沟渠堤岸、房前屋后、撂荒地等生境定植。

【主要危害】它具有较强的生命力和繁殖能力，能竞争邻近植物的养分，又能通过密实的根系把土层紧密连接，从而严重影响植被的成长发育。入侵农田，与作物争夺生存空间、阳光、水分、养分，造成农作物减产，入侵自然生态系统，排挤本土植物，侵占本土植物生境，造成植物群落单一化，群落稳定性差。具有强力化感作用，对作物种子萌发和生长发育有很强的抑制作用。

【防控措施】

（1）物理防控：要消灭印加孔雀草，一定要趁其种子还未成熟时迅速铲除，消灭它的有效种源，并将根茎集中烧毁，严格控制带有残茎的土壤异地人为传播。一般用锄头深挖，确保根系全部出土，然后用塑料袋密封包装后，运输到安全地带晒干。再将干草运到指定垃圾场烧毁，以防扩散蔓延。

(2)化学防控：

玉米田：玉米3~5叶期、印加孔雀草幼苗期，可选择辛酰溴苯腈、2甲4氯、烟嘧磺隆、氯氟吡氧乙酸等除草剂，茎叶喷雾。

麦田：印加孔雀草幼苗期，可选择2甲4氯、氯氟吡氧乙酸、乙羧氟草醚等除草剂，茎叶喷雾。

果园：印加孔雀草开花前，可选择氨氯吡啶酸、氯氟吡氧乙酸、草甘膦等除草剂，茎叶喷雾。

荒地、路边：在印加孔雀草开花前，可选择草甘膦、草甘膦异丙胺盐等除草剂，茎叶喷雾。

(3)综合防控：对低密度、零星发生区采用人工或机械措施清除；对成片发生区域可采用人工或机械割除、再分步施药、最终灭除的方式进行防治，推荐使用草甘膦、氨氯吡啶酸、2甲4氯钠盐为防治印加孔雀草的除草剂。在印加孔雀草幼苗期（2~9叶）可直接进行化学药剂对靶喷雾，成苗（开花期）可先采取人工或机械割除地上部分，再施用灭生性化学除草剂。

4. 豚草

【拉 丁 名】*Ambrosia artemisiifolia* L.
【别　　名】艾叶破布草、艾叶豚草、美洲艾、豕草、普通豚草
【分类地位】菊科豚草属
【分布范围】原产北美洲。在我国长江流域已驯化野生成为路旁杂草。分布于河北、北京、天津、山东、新疆、上海、江苏、浙江、江西、安徽、湖南、湖北、四川、贵州、西藏、广东、广西、黑龙江、辽宁、吉林、内蒙古、台湾。
【入侵中国的最早记载】20世纪30年代传入中国东南沿海城市，最早于1957年在浙江采集到标本。
【形态及生物学特征】

一年生草本；株高20～150 cm；茎直立，上部有圆锥状分枝，有棱，被疏生密糙毛；下部叶对生，具短叶柄，二次羽状分裂，裂

片狭小，长圆形至倒披针形，全缘，有明显的中脉，上面深绿色，被细短伏毛或近无毛，背面灰绿色，被密短糙毛；上部叶互生，无柄，羽状分裂；雄头状花序半球形或卵形，径4～5 mm，具短梗，下垂，在枝端密集成总状花序；总苞宽半球形或碟形；总苞片全部结合，无肋，边缘具波状圆齿，稍被糙伏毛；瘦果倒卵形，无毛，藏于坚硬的总苞中。花期8—9月，果期9—10月。

【繁殖方式】主要是种子繁殖。

【扩散途径】种子可随风飘扬100多千米远，可随人的鞋底、水流、交通工具等四处传播，这些豚草籽落地30～40年仍然具有生命力。

【危害生境】荒地、路边、水沟旁、田块周围或农田中。

【主要危害】多危害玉米、大豆、向日葵、洋麻等中耕作物和禾谷类作物以及果树，导致减产，甚至绝收。与本地植物竞争空间、营养、光和水分，降低入侵地植物多样性。豚草花粉是人类"枯草热"主要病源，引发过敏性鼻炎和支气管哮喘等变态反应症。

一 菊 科

【防控措施】

（1）监测预警：在营养生长期尤其是花果期定期开展监测调查，查明豚草在扩散前沿带、前哨点和潜在入侵地的发生动态，绘制高精度分布图，一旦发现新的入侵要及早根除。

（2）物理防控：农田中的豚草可通过秋耕和春耙进行。秋耕把种子埋入土中10 cm以下，豚草种子就不能萌发。春季当大量出苗时进行春耙，可消灭大部分豚草幼苗。

（3）化学防控：灭草松、氟磺胺草醚、草甘膦等可有效控制豚草生长。

（4）生物防控：真菌防治，有一些使原草生病的真菌生物，如白锈菌可以控制豚草的种群规模，田间条件下染病的豚草生物量减少1/10左右，每株种子产量降低95%～100%，种子千粒重从3.16 g降为2.28 g；天敌防控，用广聚银叶甲、豚草条纹叶甲、豚草卷蛾进行防控；生态替代，用紫穗槐、沙棘等进行替代控制。

5. 三裂叶豚草

【拉丁名】*Ambrosia trifida* L.

【别　　名】大破布草

【分类地位】菊科豚草属

【分布范围】原产北美洲。在中国东北已驯化,并逐步向华南、华东和西北方向扩散。截至目前分布于河北、山东、北京、天津、浙江、江西、湖南、四川、黑龙江、吉林、辽宁。

【入侵中国的最早记载】20世纪30年代传入我国东南沿海城市,最早于1935年在辽宁铁岭地区被发现和鉴定。

【形态及生物学特征】

一年生粗壮草本植物,高50～120 cm,有时可达170 cm,有分枝。叶对生,有时互生,具叶柄,下部叶3～5裂,上部叶3裂或有时不裂,上面深绿色,背面灰绿色,两面被短糙伏毛。在枝端密集成总状花序。总苞浅碟形,绿色;总苞片结合,外面有3肋。花托无托片,具白色长柔毛,每个头状花序有20～25不育的小花;小花黄色,长1～2 mm,花冠钟形,上端5裂,雌头状花序在雄头状花

一 菊 科

序下面上部的叶状苞叶的腋部聚作团伞状,具一个无被能育的雌花。花期8月,果期9—10月。

【繁殖方式】主要是种子繁殖。

【扩散途径】可以通过水、动物、土壤或人体携带的途径进行传播。

【危害生境】常见于荒地、田野、路旁或河边的湿地。

【主要危害】三裂叶豚草吸肥能力和再生能力极强，造成土壤干旱贫瘠、遮挡阳光，降低农作物产量，主要危害小麦、玉米、大豆、水稻及各种园艺作物等。其花粉是人类"枯草热"，又称"花粉病"的主要病源，引发过敏性鼻炎和支气管哮喘等变态反应症。

【防控措施】

（1）物理防控：豚草属植物最佳防治时间为开花结籽之前，采用反复拔除、割除、铲除等方法杜绝豚草属植物种子的产生，这样既能避免开花散粉引起过敏症状，又可减轻豚草的再次发生和危害。

（2）化学防控：化学防除为普遍应用的有效防除方法，具有防除范围广、成本低、见效快的优点。我国目前常用的除草剂有草甘膦、草甘膦异丙胺盐、氯氟吡氧乙酸、草铵膦和硝磺草酮等。

（3）生物防控：利用特异性天敌昆虫或病原微生物将侵入地的豚草种群密度控制在合理范围内，防止继续扩散和危害。

（4）植物替代：植物替代法是利用人工培养的经济价值植物与入侵植物对抗竞争，掠夺入侵植物营养资源，挤压入侵植物生存空间，从而达到抑制蔓延、减少扩散和取代生长的目的。目前筛选出的替代植株有紫花苜蓿、黑麦草、紫穗槐和草地早熟禾等。

6. 续断菊

【拉丁名】*Sonchus asper*（L.）Hill

【别　　名】花叶滇苦荬菜、花叶滇苦菜

【分类地位】菊科苦苣菜属

【分布范围】原产欧洲。我国山东、北京、河北、安徽、江苏、山西、陕西、黑龙江、吉林、辽宁、内蒙古、甘肃、宁夏、青海、新

一 菊 科

疆、上海、浙江、江西、湖南、湖北、福建、广东、广西、海南、台湾、四川、重庆、贵州、云南、西藏均有分布。

【入侵中国的最早记载】古代。可能首先经丝绸之路传到西北地区。最早于1940年在四川采集到该物种标本。

【形态及生物学特征】

一年生草本。茎单生或簇生，茎枝无毛或上部及花序梗被腺毛。基生叶与茎生叶同，较小；中下部茎生叶长椭圆形、倒卵形、匙状或匙状椭圆形，连翼柄长7～13 cm，柄基耳状抱茎或基部无柄；上部叶披针形，不裂，基部圆耳状抱茎；下部叶或全部茎生叶羽状浅裂、半裂或深裂，侧裂片4～5对，椭圆形、三角形、宽镰刀形或半圆形；叶及裂片与抱茎圆耳边缘有尖齿刺，两面无毛。

头状花序排成稠密伞房花序；总苞宽钟状，长约1.5 cm，总苞片3～4层，绿色，草质，背面无毛，外层长披针形或长三角形，长3 mm，中内层长椭圆状披针形或宽线形，长达1.5 cm。舌状小花黄色。瘦果倒披针状，褐色，两面各有3条细纵肋，肋间无横皱纹；冠毛白色。花果期5—10月。

17

【繁殖方式】续断菊主要为种子繁殖。

【扩散途径】从邻国自然扩散进入，再经西北扩散蔓延到华北、华东、西南和中南地区。瘦果随风飘散，或随人、交通工具等传播、扩散。

【危害生境】生于路边、荒地以及作物田。

【主要危害】危害作物、草坪，影响景观。

【防控措施】

（1）物理防控：结果前人工或机械铲除。

（2）化学防控：用二甲戊灵、氯氟吡氧乙酸、麦草畏等除草剂防除。

一 菊 科

7. 苦苣菜

【拉 丁 名】*Sonchus oleraceus* L.
【别　　名】滇苦菜、苦苦菜、滇苦荬菜、苦滇菜
【分类地位】菊科苦苣菜属
【分布范围】原产欧洲。我国分布于北京、河北、安徽、江苏、河南、山东、黑龙江、吉林、辽宁、内蒙古、山西、陕西、甘肃、宁夏、青海、新疆、上海、浙江、江西、湖北、湖南、福建、广东、广西、海南、台湾、重庆、四川、贵州、云南、西藏。
【入侵中国的最早记载】最早于1956年在河南采集到该物种标本。
【形态及生物学特征】

一年生或二年生草本植物。根圆锥状，垂直直伸，有多数纤维状的须根。茎直立，单生，高40～150 cm，有纵条棱或条纹，不分枝或上部有短的伞房花序状或总状花序式分枝，全部茎枝光滑无毛，或上部花序分枝及花序梗被头状具柄的腺毛。

基生叶羽状深裂，全形长椭圆形或倒披针形，或大头羽状深裂，全形倒披针形，或基生叶不裂，椭圆形、椭圆状戟形、三角形、或三角状戟形或圆形，全部基生叶基部渐狭成长或短翼柄；中下部茎叶羽状深裂或大头状羽状深裂，全形椭圆形或倒披针形，长

3～12 cm，宽2～7 cm，基部急狭成翼柄，翼狭窄或宽大，向柄基且逐渐加宽，柄基圆耳状抱茎，顶裂片与侧裂片等大或较大或大，宽三角形、戟状宽三角形、卵状心形，侧生裂片1～5对，椭圆形，常下弯，全部裂片顶端急尖或渐尖，下部茎叶或接花序分枝下方的叶与中下部茎叶同型并等样分裂或不分裂而披针形或线状披针形，且顶端长渐尖，下部宽大，基部半抱茎；全部叶或裂片边缘及抱茎小耳边缘有大小不等的急尖锯齿或大锯齿或上部及接花序分枝处的叶，边缘大部全缘或上半部边缘全缘，顶端急尖或渐尖，两面光滑无毛，质地薄。

头状花序少数在茎枝顶端排紧密的伞房花序或总状花序或单生茎枝顶端。总苞宽钟状，长1.5 cm，宽1 cm；总苞片3～4层，覆瓦状排列，向内层渐长；外层长披针形或长三角形，长3～7 mm，

宽1~3 mm，中内层长披针形至线状披针形，长8~11 mm，宽1~2 mm；全部总苞片顶端长急尖，外面无毛或外层或中内层上部沿中脉有少数头状具柄的腺毛。舌状小花多数，黄色。瘦果褐色，长椭圆形或长椭圆状倒披针形，长3 mm，宽不足1 mm，压扁，每面各有3条细脉，肋间有横皱纹，顶端狭，无喙，冠毛白色，长7 mm，单毛状，彼此纠缠。花果期5—12月。

【繁殖方式】以种子繁殖为主，种子产量高，每株可产种子300~1 200粒。

【扩散途径】瘦果随风自然飘散。

【危害生境】生于山坡路边荒野处、田野、路旁、村舍附近。

【主要危害】为常见杂草，易形成优势种群，对作物、草坪影响大。植株体部分器官有化感作用，对伴生杂草、作物有生长抑制作用，影响生物多样性。

【防控措施】

（1）物理防控：苦苣菜植株很容易损伤，花果期前可采用机械或人工防除。

（2）化学防控：用氯氟吡氧乙酸等除草剂防除。

8. 钻叶紫菀

【拉　丁　名】*Symphyotrichum subulatum*（Michx.）G. L. Nesom

【别　　　名】钻形紫菀、窄叶紫菀

【分类地位】菊科联毛紫菀属

【分布范围】原产北美洲，现分布于山东、安徽、天津、北京、福建、广东、广西、贵州、河北、河南、湖北、湖南、江苏、江西、辽宁、上海、四川、台湾、澳门、香港、云南、浙江、重庆。

【入侵中国的最早记载】1827年在澳门发现。最早于1921年在浙江采集到标本。

【形态及生物学特征】

一年生草本，高25～80 cm。茎基部略带红色，上部有分枝。叶互生，无柄；基部叶倒披针形，花期凋落；中部叶线状披针形，长6～10 cm，宽0.5～1 cm，先端尖或钝，全缘，上部叶渐狭线形。头状花序顶生，排成圆锥花序；总苞钟状；总苞片3～4层，外层较短，内层较长，线状钻形，无毛，背面绿色，先端略带红色；舌状花细狭、小、红色；管状花多数，短于冠毛。瘦果略有毛。花期9—11月。

一 菊 科

【繁殖方式】钻叶紫菀繁殖方式为播种繁殖。

【扩散途径】会产生大量瘦果，瘦果具冠毛，随风散布，也随人、交通工具等传播、扩散。

【危害生境】喜生于潮湿的土壤、沼泽或含盐的土壤中也可以生长，常沿河岸、沟边、洼地、路边、海岸蔓延。

【主要危害】钻叶紫菀的生长耗费大量土壤营养，且具有极强的化感作用，使其他植物难以生存，群落边缘仅有少量的小蓬草和马唐伴生。在自然条件下，土壤中含有较多的钻叶紫菀残株时，它对小麦、绿豆、油菜的萌发与生长具有明显的抑制作用。钻叶紫菀对作物的化感作用由强到弱的顺序依次是油菜、小麦、绿豆。

【防控措施】

（1）检疫防控：加强粮食进口的检疫工作，精选种子，防止作物种子夹带。

（2）物理防控：对于小面积的钻叶紫菀，可以采用手动除草的方法。先将土壤松软，再使用除草锄将钻叶紫菀的根部彻底铲除，避免留下残根。

（3）化学防控：可使用氯氟吡氧乙酸、2甲4氯等进行化学防除，也可用草甘膦等除草剂在幼苗期喷杀。

（4）农业防控：由于钻叶紫菀以种子为繁殖器官，所以在植株开花前应整株铲除，也可以通过深翻土壤，抑制其种子萌发。精选种子，防止作物种子夹带。

9. 菊苣

【拉　丁　名】*Cichorium intybus* L.

【别　　　名】蓝花菊苣、卡斯尼、皱叶苦苣、明目菜、咖啡萝卜、咖啡草、蓝菊

【分类地位】菊科菊苣属

【分布范围】原产欧洲。我国分布于山东、河北、陕西、河南、辽宁、安徽、新疆。

【入侵中国的最早记载】1918年记载山东青岛栽培。最早于1930年在北京采集到该物种标本。

【形态及生物学特征】

多年生草本，高40～100 cm。茎直立，单生，分枝开展或极开展，全部茎枝绿色，有条棱，被极稀疏的长而弯曲的糙毛或刚毛或几无毛。基生叶莲座状，花期生存，倒披针状长椭圆形，包括基部渐狭的叶柄，全长15～34 cm，宽2～4 cm，基部渐狭有翼柄，大头状倒向羽状深裂或羽状深裂或不分裂而边缘有稀疏的尖锯齿，侧裂片3～6对或更多，顶侧裂片较大，向下侧裂片渐小，全部侧裂片镰刀形或不规则镰刀形或三角形。

一 菊 科

茎生叶少数，较小，卵状倒披针形至披针形，无柄，基部圆形或戟形扩大半抱茎。全部叶质地薄，两面被稀疏的多细胞长节毛，但叶脉及边缘的毛较多。

头状花序多数，单生或数个集生于茎顶或枝端，或2~8个为一组沿花枝排列成穗状花序。总苞圆柱状，长8~12 mm；总苞片2层，外层披针形，长8~13 mm，宽2~2.5 mm，上半部绿色，草质，边缘有长缘毛，背面有极稀疏的头状具柄的长腺毛或单毛，下半部淡黄白色，质地坚硬，革质；内层总苞片线状披针形，长达1.2 cm，宽约2 mm，下部稍坚硬，上部边缘及背面通常有极稀疏的头状具柄的长腺毛并杂有长单毛。舌状小花蓝色，长约14 mm，有色斑。瘦果倒卵状、椭圆状或倒楔形，外层瘦果压扁，紧贴内层总苞片，3~5棱，顶端截形，向下收窄，褐色，有棕黑色色斑。冠毛极短，2~3层，膜片状，长0.2~0.3 mm。花果期5—10月。

【繁殖方式】种子繁殖。

【扩散途径】可通过多样化的传粉者进行扩散。

【危害生境】生于滨海荒地、河边、水沟边或山坡。

【主要危害】菊苣借助本地的传粉者完成有性生殖，以大大增强其扩散能力，提高后代的遗传多样性和适应环境的能力，甚至通过与本地近缘种杂交导致基因渐渗，成为危害本地生态系统的入侵植物，影响入侵地的物种多样性，破坏入侵地的生态环境。

一 菊 科

【防控措施】

（1）物理防控：在营养生长期进行人工拔除或机械防除，阻断其种子产生和传播是防治的重要途径。

（2）化学防控：大多数除草剂对菊苣都有效。

10. 假臭草

【拉　丁　名】*Praxelis clematidea*（Hieronymus ex Kuntze）R. M. King & H. Rob.

【别　　　名】猫腥菊

【分类地位】菊科假臭草属

【分布范围】原产南美洲，我国分布于澳门、福建、广东、广西、山东、海南、台湾、香港、云南等地。

【入侵中国的最早记载】20世纪80年代在香港发现。

【形态及生物学特征】

一年生草本，植株高0.3～1 m。茎单一或于下部分枝，散生贴伏的短柔毛和腺状短柔毛。叶对生，卵形或长椭圆状卵形，长1.5～5.5 cm，宽1～3.5 cm，具3出脉或不明显的5出脉，叶柄长1～2 cm；上部叶较小，通常披针形。头状花序有长梗，排成疏松的伞房花序，花序梗的毛长约0.2 mm；总苞半球形或宽钟状；直径3~6 mm；小花25~30朵，蓝紫色。瘦果黑色或黑褐色，长1~1.5 mm，具3~5棱。

【繁殖方式】假臭草主要为种子繁殖。

【扩散途径】通过进口观赏植物而无意引进。20世纪80年代在我国香港首次被发现,到了90年代开始在深圳被发现,后来陆续在广州等其他地方也被发现。

【危害生境】生于荒地、路旁、山坡、滩涂、果园、林地、农田和草地等。

【主要危害】所到之处,其他低矮草本逐渐被排斥,在华南果园中,它迅速覆盖整个果园的地面,严重影响当地的植物多样性分布。由于其对土壤肥力吸收力强,能极大地消耗土壤养分,对土壤的可耕性破坏严重,严重影响果树的生长,同时能分泌一种有毒的恶臭味,影响家畜觅食。

【防控措施】

(1)物理防控:加大检验检疫和人工拔除力度。

(2)化学防控:在开春早期的幼苗阶段,利用草甘膦等除草剂防治。

一　菊　科

（3）农业防控：可在其种子成熟之前将路边、坡地、果园等处的植株除掉，根据假臭草具有无性繁殖特性，在危害面积较小时，应将所有的根状茎挖出并烧毁。

11. 藿香蓟

【拉　丁　名】*Ageratum conyzoides* L.
【别　　　名】胜红蓟
【分类地位】菊科藿香蓟属
【分布范围】原产热带美洲。在我国主要分布于北京、天津、河北、山东、河南、辽宁、吉林、黑龙江、上海、江苏、浙江、安徽、福建、江西、湖北、湖南、广东、广西、海南、重庆、四川、贵州、云南、西藏（东南部）、陕西、台湾、香港、澳门。
【入侵中国的最早记载】19世纪传入我国华南地区，首次发现或引入的时间及地点是香港。
【形态及生物学特征】

一年生草本植物，高50～100 cm，偶有不足10 cm。无明显主根。茎粗壮，基部径4 mm，或少有纤细的，而基部径不足1 mm，不分枝或自基部或自中部以上分枝，或下基部平卧而节常生不定根。全部茎枝淡红色，或上部绿色，被白色尘状短柔毛或上部被稠密开展的长绒毛。

叶对生，有时上部互生，常有腋生的不发育的叶芽。中部茎叶卵形或椭圆形或长圆形，长3～8 cm，宽2～5 cm；自中部叶向上向下及腋生小枝上的叶渐小或小，卵形或长圆形，有时植株全部叶小形，长仅1 cm，宽仅达0.6 mm。全部叶基部钝或宽楔形，基出三脉或不明显五出脉，顶端急尖，边缘圆锯齿，有长1～3 cm的叶柄，

31

两面被白色稀疏的短柔毛且有黄色腺点，上面沿脉处及叶下面的毛稍多有时下面近无毛，上部叶的叶柄或腋生幼枝及腋生枝上的小叶的叶柄通常被白色稠密开展的长柔毛。

头状花序4~18个在茎顶排成通常紧密的伞房状花序；花序径1.5~3 cm，少有排成松散伞房花序式的。花梗长0.5~1.5 cm，被尘球短柔毛。总苞钟状或半球形，宽5 mm。总苞片2层，长圆形或披针状长圆形，长3~4 mm，外面无毛，边缘撕裂。花冠长1.5~2.5 mm，外面无毛或顶端有尘状微柔毛，檐部5裂，淡紫色。

瘦果黑褐色，5棱，长1.2~1.7 mm，有白色稀疏细柔毛。冠毛膜片5或6个，长圆形，顶端急狭或渐狭成长或短芒状，或部分膜片顶端截形而无芒状渐尖；全部冠毛膜片长1.5~3 mm。花期7—12月。

一 菊 科

【繁殖方式】种子和扦插。

【扩散途径】人工引种或通过观赏植物的引种无意裹挟带入。

【危害生境】一般出现在山谷、山坡林下或林缘、河边或山坡草地、田边或荒地上。

【主要危害】能产生和释放多种化感物质，抑制本土植物的生长，常在入侵地形成单优群落，对入侵地生物多样性造成威胁。常侵入

作物地，如在玉米、甘蔗和甘薯田中，发生量大，危害严重。也可作为许多作物病原菌的中间宿主，如引起广东藿香蓟青枯病的茄科雷尔氏菌（*Ralstonia solanacearum*），该病菌可以侵染包括番茄、辣椒、花生、茄子等20种植物，同样其也是许多双生病毒科病原的宿主，侵染多种粮食及经济作物。

【防控措施】

（1）物理防控：手工除草是一种有效的物理控制方法。将藿香蓟从土壤中彻底拔除，包括根部。确保彻底清除植株和种子，以防止其再生和扩散。

（2）化学防控：可使用草甘膦、磺草灵等广谱除草剂，另外精异丙甲草胺和乙羧氟草醚对花生田的藿香蓟防效显著。

（3）农业防控：确保农田、园艺区和其他土地的良好管理，包括定期除草和清除植物残渣。注意减少藿香蓟种子的传播，避免穿着污染的衣物、工具和机械进入其他地区。此外，种植抗性或竞争性植物也可以帮助抑制藿香蓟的生长。

12. 黄顶菊

【拉丁名】*Flaveria bidentis*（L.）Kuntze

【别　　名】二齿黄菊、三脉黄顶菊

【分类地位】菊科黄顶菊属

【分布范围】原产西印度群岛和南美洲，除已知的河北、天津、河南、山东等地局部分布，我国的华北、华中、华东、华南及沿海地区都有可能成为黄顶菊入侵的重点区域。

【入侵中国的最早记载】我国境内的黄顶菊最早于2000年发现在南开大学。

【形态及生物学特征】

一年生草本，茎粗壮，有纵沟槽，高5～200 cm。叶有短柄，交互对生，长圆状矩圆形，具基出3脉，叶缘具齿。头状花序紧密地积聚在很短的花序梗顶端，呈平顶形伞房状或蝎尾状圆锥花序，花黄色，小花总苞片2～5枚，边缘花能育，舌状花长圆形，管状花冠筒不显著，雄蕊1。瘦果黑色，具10条纵肋，稍扁平，无毛。花果期6—10月。

【繁殖方式】主要是种子繁殖，一株最高产出数十万粒种子，种子极小但繁殖能力强。

【扩散途径】可伴随进口种子、谷物进入中国；主要以农产品调运、交通工具携带等方式远距离传播；同时也可凭借风力、农机具或动物过腹等方式近距离传播。

一 菊 科

【危害生境】荒地、路边、山坡、果园、林地、农田等。

【主要危害】黄顶菊具化感作用，排斥和抑制其他草本植物生长，减少生物多样性。对土壤系统包括对养分循环、酶活性、微生物的组成及功能等均能产生影响，消耗土壤养分，使其均一化。

【防控措施】

（1）物理防控：在开花结果前人工拔除或使用机械铲除；秋季是黄顶菊植株枯萎的季节，可在种子成熟前集中进行焚烧。

（2）化学防控：荒地、山坡、路边、林边和宅院中，在黄顶菊幼苗期使用草甘膦防治；玉米地中，在黄顶菊苗期使用烟嘧磺隆或氯氟吡氧乙酸防治；大豆田、果园中，在黄顶菊幼苗期使用氟磺胺草醚防治。

（3）农业防控：在早春土壤解冻后进行土壤深翻，可以抑制黄顶菊种子的萌发；苗期进行人工锄草效果也很好。

（4）综合防控：主要采取以人工拔除、化学除治和生物替代相结合的方法，低密度点片发生区域以人工拔除为主，高密度、植株高大区域以化学防治为主，结合不同的生境选择紫花苜蓿、向日葵、高丹草等替代植物或采取薄膜覆盖、秸秆覆盖等农艺措施，恢复生态环境。

13. 婆婆针

【拉　丁　名】*Bidens bipinnata* L.
【别　　　名】鬼碱草、刺针草、钢叉草
【分类地位】菊科鬼针草属
【分布范围】原产北美洲。我国安徽、江苏、河北、山东、甘肃、陕西、重庆、湖北、湖南、江西、四川、上海、浙江、广西、贵州、福建、广东、江西、吉林、辽宁、内蒙古、台湾、云南有分布。
【入侵中国的最早记载】1861年在香港有记录。
【形态及生物学特征】

一年生草本。茎直立,高30~120 cm,下部略具四棱,无毛或上部被稀疏柔毛,基部直径2~7 cm。叶对生,具柄,柄长2~6 cm,背面微凸或扁平,腹面沟槽,槽内及边缘具疏柔毛,叶片长5~14 cm,二回羽状分裂,第一次分裂深达中肋,裂片再次羽状分裂,小裂片三角状或菱状披针形,具1~2对缺刻或深裂,顶生裂片狭,先端渐尖,边缘有稀疏不规整的粗齿,两面均被疏柔毛。

头状花序直径6~10 mm;花序梗长1~5 cm(果时长2~10 cm)。总苞杯形,基部有柔毛,外层苞片5~7枚,条形,开花时长2.5 mm,果时长达5 mm,草质,先端钝,被稍密的短柔毛,内层苞片膜质,椭圆形,长3.5~4 mm,花后伸长为狭披针形,及果时长6~8 mm,背面褐色,被短柔毛,具黄色边缘;托片狭披针形,长约5 mm,果时长可达12 mm。舌状花通常1~3朵,不育,舌片黄色,椭圆形或倒卵状披针形,长4~5 mm,宽2.5~3.2 mm,先端全缘或具2~3齿,盘花筒状,黄色,长约4.5 mm,冠檐5齿裂。

瘦果条形，略扁，具3~4棱，长12~18 mm，宽约1 mm，具瘤状突起及小刚毛，顶端芒刺3~4枚，很少2枚的，长3~4 mm，具倒刺毛。花果期6—11月。

【繁殖方式】婆婆针主要为种子繁殖。

【扩散途径】借助瘦果上的刺，黏附在人的衣服、鞋或动物皮毛上传播，或附着在车辆货物上进行传播也可借助水流传播。

【危害生境】婆婆针喜湿润肥沃，又耐干旱瘠薄。生于路边荒地、山坡、田间、溪边、草丛。

【主要危害】危害程度轻，（中南）恶性杂草，侵入秋熟旱作物、果园等，危害农作物，影响作物产量，常形成优势群落，排挤本地植物，（西南）破坏当地生物多样性。

一 菊 科

【防控措施】

（1）物理防控：目前以人工拔除为主，当面积较大时需要采用机械翻耕土壤的方法。在开花前采用物理防治的方法，能取得事半功倍的效果。

（2）化学防控：可使用草甘膦、2甲4氯或氯氟吡氧乙酸等除草剂，于开花前喷施为佳。

14. 大狼耙草

【拉　丁　名】*Bidens frondosa* L.
【别　　　名】接力草、外国脱力草、大狼杷草
【分类地位】菊科鬼针草属
【分布范围】原产北美洲，现广泛归化。我国主要分布于北京、河北、山东、河南、辽宁、吉林、黑龙江、上海、江苏、浙江、安徽、福建、江西、湖北、湖南、广东、广西、海南、重庆、四川、云南、台湾。
【入侵中国的最早记载】1926年9月23日在江苏采到标本。
【形态及生物学特征】

一年生草本；茎直立，分枝，常带紫色；叶对生，一回羽状复叶，小叶3~5枚，披针形，先端渐尖，边缘有粗锯齿；头状花序

单生茎端和枝端，外层苞片通常8枚，披针形或匙状倒披针形，叶状，内层苞片长圆形，膜质，具淡黄色边缘；无舌状花或极不明显，筒状花两性，5裂；瘦果扁平，狭楔形，顶端芒刺2枚，有倒刺毛。

【繁殖方式】主要是种子繁殖，繁殖能力较强，一株正常发育的植株可产种子数百至数千粒。

【扩散途径】种子能借风力、水流向外传播；也能借黏附在动物和人体上进行传播。

【危害生境】常生长在田野湿润处、荒地、路边和沟边。

一 菊 科

【主要危害】根系发达，吸收土壤水分和养分的能力很强，而且生长优势强。株高常高出其他作物，影响其他作物光合作用。芒刺较硬，影响农事操作。

【防控措施】

（1）检疫防控：对国外引进的种子必须严格执行杂草检疫制度，杜绝传入我国及蔓延危害。国内要加强和健全检疫制度，防止蔓延。

（2）物理防控：利用地膜覆盖，提高地膜和地表温度，烫死幼苗或抑制植株生长。

（3）化学防控：可用甲草胺、扑草净、敌草隆等除草剂防除。

（4）农业防控：合理轮作，改变杂草生态环境抑制和减轻杂草危害的重要农业措施。利用犁、耙、中耕机等农具，在不同时间和季节进行耕作，对杂草有杀除作用。

15. 鬼针草

【拉丁名】*Bidens pilosa* L.

【别　　名】鬼钗草、虾钳草、蟹钳草、对叉草、粘人草、粘连子、豆渣草

【分类地位】菊科鬼针草属

【分布范围】原产热带美洲，现分布于山东、安徽、天津、北京、福建、广东、广西、贵州、海南、河北、河南、湖北、湖南、江苏、江西、山西、四川、台湾、西藏、香港、澳门、云南、浙江、重庆。

【入侵中国的最早记载】1857年在香港首次报道。

【形态及生物学特征】

一年生草本植物，茎直立，高30～100 cm，钝四棱形，无毛或上部被极稀疏的柔毛，基部直径可达6 mm。茎下部叶较小，3裂或不分裂，通常在开花前枯萎，中部叶具长1.5～5 cm无翅的柄，三出，小叶3枚，很少为具5（～7）小叶的羽状复叶，两侧小叶椭圆形或卵状椭圆形，长2～4.5 cm，宽1.5～2.5 cm，先端锐尖，基部近圆形或阔楔形，有时偏斜，不对称，具短柄，边缘有锯齿、顶生小叶较大，长椭圆形或卵状长圆形，长3.5～7 cm，先端渐尖，基部渐狭或近圆形，具长1～2 cm的柄，边缘有锯齿，无毛或被极稀疏的短柔毛，上部叶小，3裂或不分裂，条状披针形。

头状花序，直径8～9 mm，有长1～6（果时长3～10）cm的花序梗。总苞基部被短柔毛，苞片7～8枚，条状匙形，上部稍宽，

开花时长3~4 mm，果时长至5 mm，草质，边缘疏被短柔毛或几无毛，外层托片披针形，果时长5~6 mm，干膜质，背面褐色，具黄色边缘，内层较狭，条状披针形。无舌状花，盘花筒状，长约4.5 mm，冠檐5齿裂。花果期8—10月。瘦果黑色，条形，略扁，具棱，长7~13 mm，宽约1 mm，上部具稀疏瘤状突起及刚毛，顶端芒刺3~4枚，长1.5~2.5 mm，具倒刺毛。

【繁殖方式】种子繁殖。

【扩散途径】鬼针草的种子、倒刺毛会通过黏附在人、畜身上进行传播，传播速度很快。

【危害生境】生于村旁、路边及荒地中。

【主要危害】主要危害经济作物，是棉蚜等的中间寄主。生长繁殖能力较强，种子发芽率高，幼龄期短，具化感作用，严重破坏入侵地的生态系统和种群结构，能显著降低生物多样性。

【防控措施】

（1）物理防控：在开花之前人工铲除，人工除草要多次进行，尽量把杂草消灭在幼草阶段。

（2）化学防控：可用甲草胺、扑草净、敌草隆等除草剂防除。

（3）农业防控：深耕土壤，在种植农作物前深翻土壤1~2次；还有合理轮作是改变杂草生态环境抑制和减轻杂草危害的重要农业措施。

16. 香丝草

【拉　丁　名】*Erigeron bonariensis* L.

【别　　　名】蓑衣草、野地黄菊、野塘蒿

【分类地位】菊科飞蓬属

【分布范围】原产南美洲，现广泛分布于热带及亚热带地区。分布于我国中部、东部、南部至西南部各省份。

【入侵中国的最早记载】最早于1857年在香港采集到标本。

【形态及生物学特征】

一年生或二年生草本，根纺锤状，常斜升，具纤维状根。茎直立或斜升，高20~50 cm，稀更高，中部以上常分枝，常有斜上不育的侧枝,密被贴短毛,杂有开展的疏长毛。叶密集,基部叶花期常枯萎,下部叶倒披针形或长圆状披针形,长3~5 cm,宽0.3~1 cm,顶端尖或稍钝,基部渐狭成长柄,通常具粗齿或羽状浅裂,中部和上部叶具短柄或无柄,狭披针形或线形,长3~7 cm,宽0.3~0.5 cm,中部叶具齿,上部叶全缘,两面均密被贴糙毛。

头状花序多数,径约8~10 mm,在茎端排列成总状或总状圆锥花序,花序梗长10~15 mm;总苞椭圆状卵形,长约5 mm,宽约8 mm,总苞片2~3层,线形,顶端尖,背面密被灰白色短糙毛,外层稍短或短于内层之半,内层长约4 mm,宽0.7 mm,具干膜质边缘。花托稍平,有明显的蜂窝孔,径3~4 mm;雌花多层,白色,花冠细管状,长3~3.5 mm,无舌片或顶端仅有3~4个细齿;两性花淡黄色,花冠管状,长约3 mm,管部上部被疏微毛,上端具5齿裂;瘦果线状披针形,长1.5 mm,扁压,被疏短毛;冠毛1层,淡红褐色,长约4 mm。花期5—10月。

【繁殖方式】香丝草一般为种子繁殖。

【扩散途径】瘦果、种子借助风力、雨水扩散传播,还可通过农具、牲畜、车辆等黏着传播、扩散。

【危害生境】分布极普遍，凡路旁、沟岸、井边、宅畔、河堤、河床、荒丘、山坡、菜圃、田园、田埂、地界等几乎无处不在；与加拿大蓬混生或成群落。

【主要危害】发生量大，生态位宽，危害重，为恶性外来杂草。侵害农田、绿化地、林间空地，增加除草成本，影响生物多样性。

【防控措施】
（1）物理防控：采用科学的除草方法。花果期前人工拔除。
（2）化学防控：用2甲4氯、麦草畏、草甘膦等除草剂防除。

一 菊 科

17. 一年蓬

【拉 丁 名】*Erigeron annuus*（L.）Pers.
【别　　名】白顶飞蓬、千层塔、治疟草、野蒿
【分类地位】菊科飞蓬属
【分布范围】原产北美洲，我国分布于河北、河南、山东、江苏、安徽、江西、福建、湖南、湖北、四川、广东、吉林和西藏等省份。
【入侵中国的最早记载】1886年在上海首次被采集到。
【形态及生物学特征】

一年生或二年生草本；茎绿色直立，高30～100 cm，基径6 mm，上部有分枝，下部被开展的长硬毛，上部被较密的上弯的短硬毛。基生叶莲座状，长圆形或宽卵形，少有近圆形，或更宽，顶端尖或钝，基部狭成具翅的长柄，边缘具粗齿，花期时枯萎；下部叶与基部叶同形，叶柄较短；中上部叶较小，长圆形或披针形，顶端尖，具短柄或无柄，边缘有不规则的齿或近全缘；顶端叶线形，两面被疏短硬毛，或有时近无毛。

【繁殖方式】以种子繁殖，平均每株可结种子近30 000粒。

【扩散途径】种子可随风传播，或通过动物、人类活动扩散。

【危害生境】广泛生长于路边、旷野或山坡。

【主要危害】一年蓬繁殖系数大，扩散速度快，与本土植物争水、争肥、争夺生存空间，暴发扩散时往往形成单优种群，破坏原有生态系统，影响生物多样性。且对其他物种具有化感作用，可抑制水稻等作物胚轴和根的生长。它还是红蜘蛛的越冬寄主，花粉易引起过敏。

一　菊　科

【防控措施】

（1）物理防控：在一年蓬生长初期，可采用防草布或者地膜覆盖的方法，抑制其光合作用从而达到除草的目的。还可通过不同时期的翻耕，将一年蓬种子深埋，减少一年蓬的危害。刈割能够严重推迟一年蓬的物候性，阻碍一年蓬的繁殖生长，关键是掌握刈割季节和刈割频率。

（2）化学防控：当一年蓬入侵密度比较大时，使用噁草酮、乙氧氟草醚、草甘膦等除草剂能够很好地控制路边、荒废地区和潮湿林地中的一年蓬。有研究表明：在草甘膦中加入苯嘧磺草胺和助剂后，能够有效控制柑橘产地中耐草甘膦杂草一年蓬的危害，控制其再生，而且不会影响柑橘的安全生长。此外，多效唑能对一年蓬产生较强的抑制作用；用氯氟吡氧乙酸对一年蓬茎叶进行喷雾，能够起到优良的防除效果。

18. 小蓬草

【拉　丁　名】*Erigeron canadensis* L.
【别　　　名】加拿大飞蓬、小飞蓬、小白酒草
【分类地位】菊科飞蓬属

【分布范围】原产北美洲，现分布于安徽、河北、河南、北京、山东、福建、甘肃、广东、广西、贵州、海南、黑龙江、湖北、湖南、吉林、江苏、江西、辽宁、内蒙古、宁夏、青海、山西、陕西、四川、台湾、天津、西藏、香港、澳门、新疆、云南、浙江、重庆。

【入侵中国的最早记载】1860年在山东烟台发现。

【形态及生物学特征】

一年生草本，根纺锤状，具纤维状根。茎直立，高50～100 cm或更高，圆柱状，多少具棱，有条纹，被疏长硬毛，上部多分枝。叶密集，基部叶花期常枯萎，下部叶倒披针形，长6～10 cm，宽1～1.5 cm，顶端尖或渐尖，基部渐狭成柄，边缘具疏锯齿或全缘，中部和上部叶较小，线状披针形或线形，近无柄或无柄，全缘或少有具1～2个齿，两面或仅上面被疏短毛边缘常被上弯的硬缘毛。

头状花序多数，小，径3～4 mm，排列成顶生多分枝的大圆锥花序；花序梗细，长5～10 mm，总苞近圆柱状，长2.5～4 mm；总苞片2～3层，淡绿色，线状披针形或线形，顶端渐尖，外层约短于内层之半背面被疏毛，内层长3～3.5 mm，宽约0.3 mm，边缘干膜

质，无毛；花托平，径2～2.5 mm，具不明显的突起；雌花多数，舌状，白色，长2.5～3.5 mm，舌片小，稍超出花盘，线形，顶端具2个钝小齿；两性花淡黄色，花冠管状，长2.5～3 mm，上端具4或5个齿裂，管部上部被疏微毛；瘦果线状披针形，长1.2～1.5 mm稍扁压，被贴微毛；冠毛污白色，1层，糙毛状，长2.5～3 mm。花期5—9月。

【繁殖方式】种子繁殖，可产生大量瘦果，蔓延极快。

【扩散途径】种子极轻具有冠毛，易于随风、随车轮传播。

【危害生境】常生长于海拔30～200 m的旷野、荒地、田边和路旁。

【主要危害】对秋收作物、果园和茶园危害严重，为一种常见杂草，通过分泌化感物质抑制邻近其他植物的生长。该植物是棉铃虫和棉蜻象的中间宿主，其叶汁和捣碎的叶对皮肤有刺激作用。

【防控措施】

（1）物理防控：对于小面积的小蓬草繁殖地，可以采用人工除草的方式，将小蓬草的根部和地上部分彻底清除，避免其再次生长。对于大面积的小蓬草繁殖地，可以使用机械设备进行除草作业。

（2）化学防控：使用专门针对小蓬草的除草剂进行喷药作业，注意喷药的浓度和时机。还可以利用土壤消毒剂对小蓬草的种子和根部进行消毒，阻止其再次生长。

（3）生物防控：引入一些天敌生物来控制小蓬草的繁殖。或种植一些具有竞争力的植物，如高草和覆盖植物，来抢夺小蓬草的营养和生长空间。

19. 苏门白酒草

【拉　丁　名】*Erigeron sumatrensis* Retz.

【别　　　名】苏门白酒菊、竹叶艾、宽叶飞蓬、高飞蓬、蚤药草、白马草

【分类地位】菊科飞蓬属

【分布范围】原产南美洲，现分布于山东、河北、北京、天津、安徽、河南、湖北、湖南、江苏、浙江、江西、福建、台湾、广东、广西、海南、香港、澳门、四川、重庆、贵州、云南、西藏（吉隆）。

【入侵中国的最早记载】1850年传入中国，2000年以后在我国华南地区广泛分布。

【形态及生物学特征】

一年生或二年生草本，根纺锤状，直或弯，具纤维状根。茎粗壮，直立，高80~150 cm，基部径4~6 mm，具条棱，绿色或下部红紫色，中部或中部以上有长分枝，被较密灰白色上弯糙短毛，杂有开展的疏柔毛。叶密集，基部叶花期凋落，下部叶倒披针形或披针形，长6~10 cm，宽1~3 cm，顶端尖或渐尖，基部渐狭成柄，边缘上部每边常有4~8个粗齿，基部全缘，中部和上部叶渐小，狭披针形或近线形，具齿或全缘，两面特别下面被密糙短毛。

头状花序多数，径5~8 mm，在茎枝端排列成大而长的圆锥花序；花序梗长3~5 mm；总苞卵状短圆柱状，长4 mm，宽3~4 mm，总苞片3层，灰绿色，线状披针形或线形，顶端渐尖，背面被糙短毛，外层稍短或短于内层之半，内层长约4 mm，边缘干膜质；花托稍平，具明显小窝孔，径2~2.5 mm；雌花多层，长4~4.5 mm，管部细长，舌片淡黄色或淡紫色，极短细，丝状，顶端具2细裂；两性花6~11个，花冠淡黄色，长约4 mm，檐部狭漏斗形，上端具5齿裂，管部上部被疏微毛。瘦果线状披针形，长1.2~1.5 mm，扁压，被贴微毛；冠毛1层，初时白色，后变黄褐色。花期5—10月。

【繁殖方式】种子繁殖，平均每株产种子2.5万粒。

【扩散途径】种子极轻具有冠毛，易于随风、随车轮传播。

【危害生境】荒地、路旁、山坡、果园、林地、农田和草地等。

【主要危害】可以迅速生长，抢占优势、争夺阳光、养分和生长空间，它常常会长成一大片，使当地作物受到破坏，影响农作物生长，也对城市及公路沿线的绿化带景观造成摧毁性的破坏，给我国农业、生物多样性和生态环境构成较大威胁。

【防控措施】

（1）物理防控：在物种的引入和逃逸期、种群建立期，进行人工拔除；通过人工或人工促进天然恢复本地植物的方式，使本地植物与入侵种争夺阳光、生长空间、土壤、水分的方法来降低外来入侵物种的种群数量。

（2）化学防控：可以在苗期使用绿麦隆进行防除。

（3）加大宣传教育：通过对民众广泛宣传和教授外来入侵物种知识及给人类带来的危害，从而增强人们防治外来入侵物种的意识，同时通过提高公民整体生态道德素养，对防控外来入侵物种有积极意义。

20. 北美苍耳

【拉 丁 名】*Xanthium chinense* Mill.

【分类地位】菊科苍耳属

【分布范围】我国河北（易县）、辽宁、内蒙古、黑龙江。

【入侵中国的最早记载】1979年9月出版的《中国植物志》有记载。标本于1936年采自内蒙古。

【形态及生物学特征】

一年生草本。茎被糙伏毛。叶互生，宽卵状三角形或心形，长5～9 cm，3～5浅裂，基部心形，与叶柄连接处成相等楔形，有不规则粗齿，基脉3出，密被糙伏毛，下面苍白色；叶柄长4～9 cm。果：具瘦果的总苞成熟时坚硬，椭圆形，绿色或黄褐色，连喙长1.8～2 cm，顶端具1～2锥状喙，具较疏总苞刺，刺长2～5（5.5）mm，基部粗，顶端具细倒钩，中部以下被柔毛，上端无毛；瘦果2，倒卵圆形。

【繁殖方式】北美苍耳繁殖方式主要为种子繁殖。

【扩散途径】随人类活动远距离传播。

【危害生境】生长于干旱山坡或沙质荒地。

【主要危害】苍耳属于检疫性杂草,其生态适应性强,生长量大,结实率高,"果实"具钩刺,易于人、畜传播,种子或幼苗具微毒,对农业、林业、畜牧业都有严重影响和危害。

一 菊 科

【防控措施】

（1）物理防控：人工拔除，销毁种源；严格检疫，加强防范。

（2）化学防控：可使用草甘膦、绿麦隆、麦草畏等除草剂进行化学防除，但要注意用法用量，避免造成药害或污染环境。

（3）生物防控：利用天敌啃食抑制其生长。

21. 刺苍耳

【拉丁名】*Xanthium spinosum* L.

【分类地位】菊科苍耳属

【分布范围】原产南美洲，现分布于安徽、北京、河北、河南、辽宁、内蒙古、宁夏、新疆。

【入侵中国的最早记载】1974年在北京丰台发现。

【形态及生物学特征】

一年生草本，高40～120 cm。茎直立，上部多分枝，节上具三叉状棘刺。叶狭卵状披针形或阔披针形，长3～8 cm，宽6～30 mm，边缘3～6浅裂或不裂，全缘，中间裂片较长，长渐尖，基部楔形，下延至柄，背面密被灰白色毛；叶柄细，长5～15 mm，被绒毛。花单性，雌雄同株。雄花序球状，生于上部，总苞片一层，雄花管状，顶端裂，雄蕊5；雌花序卵形，生于雄花序下部，总苞囊状，长8～14 mm，具钩刺，先端具2喙，内有2朵无花冠的花，花柱线形，柱头2深裂。总苞内有2个长椭圆形瘦果。

【繁殖方式】刺苍耳主要为种子繁殖。

【扩散途径】刺苍耳的果实具钩刺，常随人和动物传播，或混在作

一 菊 科

物种子中散布。刺苍耳与动物皮毛、作物种子、农产品等一起全球四处扩散。

【危害生境】路边、荒地和旱作物地。

【主要危害】刺苍耳全株有毒，以果实最毒，鲜叶比干叶毒，嫩枝比老叶毒，其中毒症状出现较晚，常于食后2天发病，上腹胀闷，恶心呕吐、腹痛，有时腹泻、乏力、烦躁。重者肝损伤出现黄疸，毛细血管渗透性增高而出血，甚至昏迷、惊厥、呼吸困难，循环或肾功能衰竭而死亡。本种可入侵农田，危害白菜、小麦、大豆等旱地作物；对牧场危害也比较严重。

【防控措施】

（1）化学防控：可采用氯氟吡氧乙酸和灭草松等除草剂进行防除。

（2）农业防控：刺苍耳在植株生长初期，生长速度较为缓慢，还未形成刺，在此时将其铲除最为安全和有效，防除过的地方一定要进行多年追踪调查和铲除。当生长蔓延比较严重，铲除植株不能解决问题时，可同时采用植物替代方法。通过其他植物与之竞争环境资源，可大大削弱其生长势，减轻其危害。

22. 假苍耳

【拉丁名】*Cyclachaena xanthiifolia*（Nutt.）Fresen.

【分类地位】菊科假苍耳属

【分布范围】原产北美洲，欧洲有分布。目前在北京、天津、河北、河南、山东、安徽、辽宁、吉林、湖南、海南、贵州、内蒙古、宁夏、新疆、云南等地均有分布。

【入侵中国的最早记载】于1981年在辽宁省朝阳县大营子公社首次发现该植物。

【形态及生物学特征】

一年生草本植物，具发达直根系，株高0.5～2 m，多分枝，粗壮，下部茎光滑无毛，绿色或紫色，具明显纵条纹，向上渐有毛，节很明显。叶片大部分对生，顶部的少数叶片互生。

单叶，长卵圆形、阔卵形至心脏形；叶脉在背面隆起，叶前端渐尖，叶基阔楔形、截形或心形，叶缘有重锯齿；叶正面具短伏毛，背面具绵毛，灰绿色；叶柄长3～12 cm。

头状花序排成圆锥花序状，花序枝顶生及腋生，每个头状花序下垂，具极短的柄；总苞5枚，覆瓦状排列，叶质，椭圆状菱形，顶端通常具短尖，脉明显，边缘微锯齿状，有睫毛；花单性，同一头状花序上既有雌花也有雄花，全部为管状花，着生在圆锥形的花序托上；雌花位于花序盘边缘，通常5个，位于总苞片内侧，在雌花与总苞片之间有一大型船形鳞片包围雌花，鳞片边缘有睫毛；雌花的筒状花冠退化成极短的膜质小筒，位于子房的顶端，包围花柱的基部，花柱较短，柱头二裂，子房倒卵形，腹面平，背面隆起，幼时多毛；雄花位于花序盘中央，数目较多，每个头状花序有数十朵雄花，每朵雄花基部皆有一条形鳞片；雄花的花冠筒长约2 mm，顶端膨大，下部较细，具5个齿裂；花粉粒圆球形，具刺状

凸起；雄花中存在退化雌蕊，退化花柱较长（1.2 mm左右），柱头盘状。瘦果黑褐色至灰黄褐色，倒卵形，有较平的腹面和隆起的背面，腹面中央及两侧各有一条脊棱，顶端有花柱残痕，并有稀疏柔毛。花果期8—10月。

【繁殖方式】种子繁殖。

【扩散途径】主要是靠水流、动物和人的有意或无意传播而扩散。

【危害生境】主要分布在农田、公路和铁路护坡地、荒地、河边滩涂地、废弃的田野、路边等。

【主要危害】假苍耳植株高大、生长速度快、繁殖能力强、适生性好，在入侵地严重排挤本地植物，形成单一优势群落，对许多生物资源构成了巨大的威胁。入侵大豆、玉米、向日葵、甜菜等农田后，可降低农产品的品质与质量，造成严重的经济损失。易引起花粉过敏，且易导致"枯草热"的发生；果期植株散发明显异味，皮肤接触会有瘙痒感，危害人体健康。

一 菊 科

【防控措施】

（1）监测预警：在营养生长期尤其是花期定期开展监测调查，重点调查农产品、基建材料等往来的工厂、企业，以及公路、铁路沿线等，查明假苍耳的主要发生区域及其在扩散前沿带、前哨点和潜在入侵地的发生动态，绘制高精度分布图，一旦发现新的入侵要及时及早根除。

（2）物理防控：对于零星生长的假苍耳，可在苗期进行拔除；对于生长迅速、根系庞大的成片假苍耳，应进行机械割除，且应贴地低割，不留高茬，以防新枝再发。人工防除，均宜在植物开花前进行，使其不能开花结籽。

（3）化学防控：草甘膦、氟磺胺草醚加生物助剂，对4～6叶期的假苍耳防除效果较好。

（4）植物替换：在假苍耳大面积发生的荒地、路边等地种植紫穗槐、沙棘、草地早熟禾等有经济价值、绿化价值的植物可替代假苍耳属植物群落，一旦定殖成功，可长期抑制假苍耳的生长。

23. 意大利苍耳

【拉　丁　名】*Xanthium strumarium* subsp. *italicum*（Moretti）D.Löve
【分类地位】菊科苍耳属
【分布范围】原产美洲，在北京、天津、山东、河南、河北、辽宁、广西、新疆等地均有分布。
【入侵中国的最早记载】1991年9月最早在中国发现。
【形态及生物学特征】

　　一年生草本，侧根分支很多，长达2.1 m；直根深入地下达1.3 m，植物体高20～200 cm，子叶狭长，6.0～7.5 mm，常宿存于成熟植物体上。茎直立，粗壮，基部木质化，有棱，常多分枝，粗糙具毛，有紫色斑点。单叶互生，或茎下部叶近于对生；叶片三角状卵形至宽卵形，长9～13（～15）cm，宽8～12（～14）cm，3～5浅裂，有3条主脉，边缘具不规则的齿或裂，两面被短硬毛；叶柄长3～10 cm。

　　头状花序单性同株；雄花序直径约5 mm，生于雌花序的上方；雌花序具2花；总苞结果时长圆形，长1.9～3 cm，直径

1.2～1.8 cm，外面特化成长4～7 mm的倒钩刺，刺上被白色透明的刚毛和短腺毛。北京十渡风景区的野外观察，5月8日前后出苗，7月开始开花，8—9月果实（种子）成熟，9月底植株开始陆续枯死，生育期约为145天。5月中旬发芽，6月展叶，花期8月，果期8—9月。

【繁殖方式】种子繁殖。

【扩散途径】可以通过外来物种自身的扩散能力向周围空间扩散；或借助于某些媒介传播，主要通过动物和人类的活动等途径携带而扩散。

【危害生境】生于荒地、田间、河滩地、沟边路旁。

【主要危害】意大利苍耳在发生地区常常迅速蔓延。一旦进入玉米、棉花、大豆等农田，便与作物争夺生存空间，从而使这些作物受到损害，意大利苍耳8%的覆盖率能使作物减产达到60%；它还能与茄科作物在成花临界期竞争阳光，造成减产。此外，意大利苍耳的果实有刺，容易黏附在羊毛上，且较难清除，能显著减少羊毛产量。意大利苍耳的幼苗有毒，牲畜误食会造成中毒。

【防控措施】

（1）检疫防控：凡引进种子，有关部门要严格检疫，注意货物的外包装以及运输工具上是否粘有意大利苍耳的果实，一经发现要集中处理并销毁，杜绝传播。

（2）物理防控：可以在意大利苍耳植株开花前将其拔除，拔除的植物体可用于沤制绿肥。一般有意大利苍耳发生的农田，如连续进行2~3年的人工拔除，即可根除。

（3）化学防控：用灭草松、氯氟吡氧乙酸，在意大利苍耳4~5叶期进行茎叶处理，具有良好的防除效果。但是应充分考虑使用化学药剂可能对当地的生态环境及水体造成的污染。

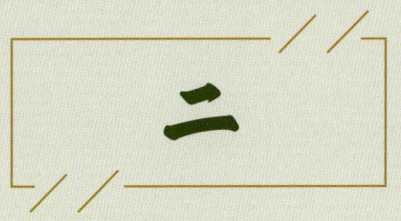

苋 科

华北平原主要农业外来入侵植物图鉴与防控

24. 反枝苋

【拉　丁　名】*Amaranthus retroflexus* L.
【别　　　名】西风谷
【分 类 地 位】苋科苋属
【分 布 范 围】原产美洲，现主要分布于河北、河南、安徽、山东、北京、甘肃、广东、广西、贵州、黑龙江、湖北、湖南、吉林、江苏、江西、辽宁、内蒙古、宁夏、青海、山西、陕西、上海、四川、台湾、天津、西藏（芒康）、新疆、云南、浙江、重庆。
【入侵中国的最早记载】19世纪中叶发现于河北和山东。
【形态及生物学特征】

　　一年生草本，高20～80 cm，有时达1 m多；茎直立，粗壮，单一或分枝，淡绿色，有时具带紫色条纹，稍具钝棱，密生短柔毛。叶片菱状卵形或椭圆状卵形，长5～12 cm，宽2～5 cm，顶端锐尖或尖凹，有小凸尖，基部楔形，全缘或波状缘，两面及边缘有柔毛，下面毛较密；叶柄长1.5～5.5 cm，淡绿色，有时淡紫色，有柔毛。

　　圆锥花序顶生及腋生，直立，直径2～4 cm，由多数穗状花序形成，顶生花穗较侧生者长；苞片及小苞片钻形，长4～6 mm，白色，背面有1龙骨状突起，伸出顶端成白色尖芒；花被片矩圆形或

矩圆状倒卵形，长2~2.5 mm，薄膜质，白色，有1淡绿色细中脉，顶端急尖或尖凹，具凸尖；雄蕊比花被片稍长；柱头3，有时2。胞果扁卵形，长约1.5 mm，环状横裂，薄膜质，淡绿色，包裹在宿存花被片内。种子近球形，直径1 mm，棕色或黑色，边缘钝。花期7—8月，果期8—9月。

【繁殖方式】反枝苋多为种子繁殖，每株可结种子1万~3万粒。

【扩散途径】可随有机肥、种子、水流、风、鸟类等进行传播。

【危害生境】反枝苋适应性强，喜湿润环境，也比较耐旱。多生于田园内、农地旁、荒地、城镇公园绿地等处。

【主要危害】主要危害棉花、豆类、瓜类、薯类、蔬菜等多种旱作物，且富集硝酸盐，家畜过量食用后会引起中毒。此外，反枝苋还是桃蚜、黄瓜花叶病毒、小地老虎、美国牧草盲蝽、欧洲玉米螟等的田间寄主。

【防控措施】

（1）物理防控：加大检验检疫和人工拔除力度。

（2）化学防控：灭草松、莠去津、异噁唑草酮、氯氟吡氧乙酸、扑草净、利谷隆对反枝苋都有良好的防治效果。另外，在不同作物田的防除上要选择最佳防除期，如在玉米4叶1心期以前喷施

50%乙草胺乳油具有较好的防除作用；乙羧氟草醚乳油对大豆田反枝苋防效优良；小麦生长的任何生育期都可用48%灭草松水剂。

（3）农业防控：依据不同的作物及作物的生长状况来进行防除，采取适当的农作措施延缓其出苗时间，降低除草剂的使用量，减少对生态环境的污染。如高棵中耕作物与矮棵密播作物轮作，在作物生育期适时中耕除草3～4次。

（4）生物防控：若要减少化学防控带来的负面影响、延缓反枝苋抗药性的产生，可选择生物防控，如腐生真菌*Alternaria alternate*可导致叶片坏死，植株萎蔫死亡。

25. 绿穗苋

【拉　丁　名】*Amaranthus hybridus* L.
【别　　　名】台湾苋
【分 类 地 位】苋科苋属
【分 布 范 围】原产北美洲。我国分布于陕西（南部）、河南、河北、山东、安徽、江苏、浙江、江西、湖南、湖北、四川、贵州。
【入侵中国的最早记载】国内最早的标本保存于庐山标本馆，采于1922年4月30日，具体采集地点不详，在随后几年采集的标本中，采集地点包括贵州、湖北以及浙江等。

【形态及生物学特征】
　　一年生草本，高30～50 cm；茎直立，分枝，上部近弯曲，有开展柔毛。

叶片卵形或菱状卵形，长3~4.5 cm，宽1.5~2.5 cm，顶端急尖或微凹，具凸尖，基部楔形，边缘波状或有不明显锯齿，微粗糙，上面近无毛，下面疏生柔毛；叶柄长1~2.5 cm，有柔毛。圆锥花序顶生，细长，上升稍弯曲，有分枝，由穗状花序而成，中间花穗最长；苞片及小苞片钻状披针形，长3.5~4 mm，中脉坚硬，绿色，向前伸出成尖芒；花被片矩圆状披针形，长约2 mm，顶端锐尖，具凸尖，中脉绿色；雄蕊略和花被片等长或稍长；柱头3。胞果卵形，长2 mm，环状横裂，超出宿存花被片。种子近球形，直径约1 mm，黑色。花期7—8月，果期9—10月。

【繁殖方式】绿穗苋繁殖方式主要为种子繁殖。
【扩散途径】可能随引种作物或旅行裹挟带入，随人类活动扩散。
【危害生境】绿穗苋适应性强，耐盐碱瘠薄，抗旱性强。生长在海拔400~1 100 m的田野、旷地、路旁、水沟边荒草地或低海拔山坡等处。

二 苋 科

【主要危害】常于果园危害,有时侵入旱地。是一般性的路埂杂草。通常单一物种高密度生长或与其他危害物种混生,植株高度可达2 m,在与周围植物竞争养分、水分,阳光及生长空间等生存条件的过程中占据优势,对生态环境和农田经济造成严重危害。

【防控措施】

(1)物理防控:绿穗苋杂草幼苗阶段生命力脆弱,是防除的最佳时期,很容易被拔除或是采用掩埋、割除、覆盖地膜等物理手段除去。在花果期前加大人工拔除力度;在果树行间用人工、畜力进行中耕除草;利用农作物秸秆、地膜覆盖地面使绿穗苋杂草不能生长。

(2)化学防控:当前使用比较多的品种有草甘膦、西玛津、莠去津等化学除草剂。

(3)农业防控:在幼龄果园或果树行距较大、地面覆盖率低的成年果园可采取间作法,在行间种植生长期短、植株矮小的作物,如花生、大豆、地瓜、马铃薯、小麦、菠菜、油菜等,减少绿穗苋杂草生长危害，并能增加收入，还可防止水土流失。

（4）加强干扰生境监管：加强外来入侵植物监测工作，早发现，早预警，早清除。

26. 刺苋

【拉丁名】*Amaranthus spinosus* L.

【别　　名】勒苋菜、笕苋菜、野勒苋

【分类地位】苋科苋属

【分布范围】原产热带美洲，广布于河北、北京、山东、河南、安徽、江苏、浙江、陕西、江西、湖南、湖北、四川、重庆、云南、贵州、广西、广东、海南、香港、福建、台湾等地。

【入侵中国的最早记载】19世纪30年代在澳门发现，1857年在香港采集到标本。

【形态及生物学特征】

一年生草本；株高30~100 cm；茎直立，圆柱形或钝棱形，多分枝，有纵条纹，绿色或带紫色，无毛或稍有柔毛；叶片菱状卵形或卵状披针形，长3~12 cm，宽1~5.5 cm，顶端圆钝，具微凸头，基部楔形，全缘，无毛或幼时沿叶脉稍有柔毛；叶柄长1~8 cm，无毛，在其旁有2刺，刺长5~10 mm。

圆锥花序腋生及顶生，长3~25 cm，下部顶生花穗常全部为雄花；苞片在腋生花簇及顶生花穗的基部者变成尖锐直刺，长5~15 mm，在顶生花穗的上部者狭披针形，长1.5 mm，顶端急尖，具凸尖，中脉绿色；小苞片狭披针形，长约1.5 mm；花被片绿色，顶端急尖，具凸尖，边缘透明，中脉绿色或带紫色，在雄花者矩圆形，长2~2.5 mm，在雌花者矩圆状匙形，长1.5 mm；雄

二 苋 科

蕊花丝略和花被片等长或较短；柱头3，有时2；胞果矩圆形，长1～1.2 mm，在中部以下不规则横裂，包裹在宿存花被片内；种子近球形，直径约1 mm，黑色或带棕黑色；花果期7—11月。

【繁殖方式】一般以花粉传播的方式进行繁殖。
【扩散途径】自然扩散或随人类活动扩散。
【危害生境】生长在旷地、园圃、农耕地等。

【主要危害】常大量滋生危害旱作农田、蔬菜地及果园。
【防控措施】
　　（1）物理防控：在果树行间用人工、畜力进行中耕除草，一般在4—9月中耕除草5～8次。

（2）化学防控：当前使用比较多的品种有草甘膦、西玛津、莠去津等，一定要仔细操作，控制浓度，以避免发生药害。

（3）农业防控：

①间作法：在幼龄果园或果树行距较大、地面覆盖率低的成年果园，可在行间种植生长期短、植株矮小的作物，如花生、大豆、地瓜、马铃薯、小麦、菠菜、油菜等。此法可覆盖地面，减少杂草生长危害，并能增加收入，还可防止水土流失。

②生草法：即在果树行间种植草木樨、苕子、三叶草、沙打旺、田菁等牧草或绿肥此法既可覆盖地面，抑制杂草生长，又可获得牧草或绿肥，同时还有利于保护天敌，但应加强肥水管理，及时刈割，并要保持10 cm的高度，树冠下要及时清草。

③覆盖压草法：利用农作物秸秆、地膜覆盖地面使杂草不能生长，作物秸秆覆盖压草时厚度需保持20 cm，也需要注意防火。

（4）生物防控：一般从杂草原产地引进专一性天敌控制草害，或释放本地专一性天敌，增加其田间天敌种群密度以达到控制草害的目的，还可通过一些农事操作提供天敌越冬或越夏场所，以使天敌种群得以保存和恢复。另外也可使用工厂化生产的微生物除草剂，进行大面积喷洒。

27. 凹头苋

【拉　丁　名】*Amaranthus blitum* L.
【别　　　名】凹叶苋菜、野苋
【分类地位】苋科苋属
【分布范围】原产热带美洲，我国除内蒙古、宁夏、青海、西藏外，全国广泛分布。

二 苋 科

【形态及生物学特征】

一年生草本，高10～30 cm，全体无毛；茎伏卧而上升，从基部分枝，淡绿色或紫红色。叶片卵形或菱状卵形，长1.5～4.5 cm，宽1～3 cm，顶端凹缺，有1芒尖，或微小不显，基部宽楔形，全缘或稍呈波状；叶柄长1～3.5 cm。花成腋生花簇，直至下部叶的腋部，生在茎端和枝端者成直立穗状花序或圆锥花序；苞片及小苞片矩圆形，长不及1 mm；花被片矩圆形或披针形，长1.2～1.5 mm，淡绿色，顶端急尖，边缘内曲，背部有1隆起中脉；雄蕊比花被片稍短；柱头3或2，果熟时脱落。胞果扁卵形，长3 mm，不裂，微皱缩而近平滑，超出宿存花被片。种子环形，直径约12 mm，黑色至黑褐色，边缘具环状边。花期7—8月，果期8—9月。

【繁殖方式】多为种子繁殖。

【扩散途径】种子随风、雨水或灌溉水及收获物进行传播。

【危害生境】喜湿润环境，也耐旱。为厂矿企业、居住新村、公园、苗圃、路旁、荒地常见的杂草。尤以荒地和路边为多。

【主要危害】为茶园、果园、苗圃、庭院、棉花田、大豆田、玉米田、烟草田、花生田、蔬菜田的常见杂草，常生于田野、路埂、宅旁及路旁。发生量大，常形成优势种群，危害重。常与牛筋草、马唐等一起造成危害。

【防控措施】

（1）物理防控：幼苗期可人工拔除。

（2）化学防控：用2甲4氯、氟乐灵、西玛津、噁草酮等除草剂防治。

（3）农业防控：水旱轮作，改变杂草草相。中耕除草，连根清除，晒干杀灭。

28. 皱果苋

【拉　丁　名】*Amaranthus viridis* L.

【别　　　名】绿苋

【分类地位】苋科苋属

【分布范围】原产热带非洲，广泛分布在两半球的温带、亚热带和热带地区。在我国分布于河北、山东、河南、安徽、江苏、辽宁、北京、内蒙古、甘肃、陕西、云南、山西、黑龙江、吉林、江西、浙江、福建、广西、海南、广东、台湾。

【入侵中国的最早记载】1935年出版的《中国北部植物图志》第4卷有记载。

【形态及生物学特征】

一年生草本，高40～80 cm，全体无毛；茎直立，有不显明棱角，稍有分枝，绿色或带紫色。叶片卵形、卵状矩圆形或卵状椭圆形，长3～9 cm，宽2.5～6 cm，顶端尖凹或凹缺，少数圆钝，有1芒尖，基部宽楔形或近截形，全缘或微呈波状缘；叶柄长3～6 cm，绿色或带紫红色。

圆锥花序顶生，长6～12 cm，宽1.5～3 cm，有分枝，由穗状花序形成，圆柱形，细长，直立，顶生花穗比侧生者长；总花梗长2～2.5 cm；苞片及小苞片披针形，长不及1 mm，顶端具凸尖；花被片矩圆形或宽倒披针形，长1.2～1.5 mm，内曲，顶端急尖，背部有1绿色隆起中脉；雄蕊比花被片短；柱头3或2。胞果扁球形，

81

直径约2 mm，绿色，不裂，极皱缩，超出花被片。种子近球形，直径约1 mm，黑色或黑褐色，具薄且锐的环状边缘。花期6—8月，果期8—10月。

【繁殖方式】皱果苋一般繁殖方式为种子繁殖。

【扩散途径】随农作物、蔬菜引种带入，并随人和动物传播种子。

【危害生境】皱果苋适应性强、耐寒、耐热性强。常生于海拔600~1 600 m的宅旁、旷野、荒地、河岸、河滩、湖滨山坡、路旁或田园。

【主要危害】为菜地和秋旱作物田间杂草，还可沿道路侵入自然生态系统。

二 苋 科

【防控措施】

（1）物理防控：在结果前用人工或机械等手段进行清除，以防止种子散落。主要以人工拔除、火烧等方式进行清除。

（2）化学防控：在皱果苋出苗前，用乙氧氟草醚、扑草净（两者都适于大豆、玉米、甘蔗）或莠去津（适用于甘蔗、玉米、棉花、果树）处理土壤。出苗后用2甲4氯（适用于禾谷类）或灭草松（适用于豆科）喷洒皱果苋茎叶。

（3）生物防控：从外来有害植物的原产地引进食性专一的天敌将有害植物的种群密度控制在生态和经济危害水平之下。包括引进病原体、昆虫等来控制外来植物。

29. 北美苋

【拉　丁　名】*Amaranthus blitoides* S. Watson

【别　　　名】美苋

【分类地位】苋科苋属

【分布范围】原产北美洲。我国安徽、山东、河北、内蒙古、湖北、上海、山西、辽宁、黑龙江有分布。

【入侵中国的最早记载】最早于1956年在湖北采集到该物种标本。

【形态及生物学特征】

一年生草本，高15～50 cm；茎大部分伏卧，从基部分枝，绿白色，全体无毛或近无毛。叶片密生，倒卵形、匙形至矩圆状倒披针形，长5～25 mm，宽3～10 mm，顶端圆钝或急尖，具细凸尖，基部楔形，全缘；叶柄长5～15 mm。花呈腋生花簇，比叶柄短，有少数花；苞片及小苞片披针形，长3 mm，顶端急尖，具尖芒；花被片4，有时5，卵状披针形至矩圆披针形，长1～2.5 mm，绿色，顶端稍渐尖，具尖芒；柱头3，顶端卷曲；胞果椭圆形，长2 mm，环状横裂，上面带淡红色，近平滑，比最长花被片短。种子卵形，直径约1.5 mm，黑色，稍有光泽。花期8—9月，果期9—10月。

二 苋 科

【繁殖方式】北美苋主要为种子繁殖。

【扩散途径】种子除自然扩散外,还可随农作、交通工具等人类活动扩散。

【危害生境】生于田野、路旁及荒地上,常在瘠薄干旱的沙质土壤上生长。

【主要危害】侵入中耕旱作物田及菜园。

【防控措施】

（1）物理防控：以人工拔除和机械防除为主。

（2）化学防控：乙草胺、异丙甲草胺在玉米播后苗前使用对北美苋防效理想，烟嘧磺隆、硝磺草酮、苯唑草酮、苯唑氟草酮、异噁唑草酮、莠去津、辛酰溴苯腈、2甲4氯等单用或复配可用于玉米田苗后除草；乙草胺、异丙甲草胺、二甲戊灵单用或与扑草净复配，在棉花、大豆播种后出苗前防治北美苋有较好效果，三氟羧草醚、氟磺胺草醚、乙羧氟草醚、乳氟禾草灵、灭草松等触杀型除草剂可用于大豆、花生田苗后早期喷施防治北美苋；二甲戊灵、敌草胺、仲丁灵等可以用于部分蔬菜田，在蔬菜播种后出苗前或移栽前土壤喷雾。

二 苋 科

30. 合被苋

【拉 丁 名】*Amaranthus polygonoides* L.
【别　　名】泰山苋
【分类地位】苋科苋属
【分布范围】原产加勒比海岛屿，美国（南部至西南部）、墨西哥（东北部及尤卡坦半岛）。我国分布于山东、北京、安徽、广西等地。
【入侵中国的最早记载】最早于1979年先后在山东济南和泰安（泰山）采到标本。20世纪80年代在安徽北部被采集，2002年在北京发现。
【形态及生物学特征】

茎直立或斜升，高10～40 cm，绿白色，下部有时淡紫红色，通常多分枝，被短柔毛，基部变无毛。叶卵形、倒卵形或椭圆状披针形，先端微凹或圆形，具长0.5～1 mm的芒尖，基部楔形，上面中央常横生1条白色斑带，干后不显，无毛；叶柄长0.3～2 cm。

花簇腋生，总梗极短，花单性，雌雄花混生；苞片及小苞片披针形，长不及花被的1/2。花被（4～）5裂，膜质，白色，具3条纵脉，中肋绿色；雄花花被片长椭圆形，仅基部连合，雄蕊2（～3）；雌花被裂片匙形，先端急尖，下部约1/3合生成筒状，果时筒长约0.8 mm，宿存并呈海绵质，柱头2～3裂。胞果不裂，长圆形，略长于花被，上部微皱。种子双凸镜状，红褐色且有光泽，长0.8～1 mm。

【繁殖方式】合被苋主要为种子繁殖。

【扩散途径】经由货物、旅行的行李和人畜携带传播扩散。

【危害生境】生在海拔500 m以下的路边、荒地、宅边、田园。

【主要危害】主要危害玉米、棉花、蔬菜等多种旱作物，是旱作地和草坪杂草。

二 苋 科

【防控措施】

（1）物理防控：在结果前进行人工拔除。

（2）化学防控：草甘膦、2甲4氯、氯氟吡氧乙酸等化学除草剂防除。

31. 千穗谷

【拉 丁 名】*Amaranthus hypochondriacus* L.

【别　　名】千穗苋、籽粒苋、籽粒苁、苋米

【分类地位】苋科苋属

【分布范围】原产中美洲至北美洲南部，我国河南、安徽、江苏、浙江、江西、湖南、湖北、四川、陕西南部、贵州有分布。

【入侵中国的最早记载】1922年在国内采集到标本，具体采集地点不详。

【形态及生物学特征】

一年生草本，高（10～）20～80 cm；茎绿色或紫红色，分枝，无毛或上部微有柔毛。叶片菱状卵形或矩圆状披针形，长3～10 cm，宽1.5～3.5 cm，顶端急尖或短渐尖，具凸尖，基部楔

形，全缘或波状缘，无毛，上面常带紫色；叶柄长1～7.5 cm，无毛。

圆锥花序顶生，直立，圆柱形，长达25 cm，直径1～2.5 cm，不分枝或分枝，由多数穗状花序形成，侧生穗较短，可达6 cm，花簇在花序上排列极密；苞片及小苞片卵状钻形，长4～5 mm，为花被片长的2倍，绿色或紫红色，背部中脉隆起，成长凸尖；花被片矩圆形，长2～2.5 mm，顶端急尖或渐尖，绿色或紫红色，有1深色中脉，成长凸尖；柱头2～3。胞果近菱状卵形，长3～4 mm，环状横裂，绿色，上部带紫色，超出宿存花被。种子近球形，直径约

二 苋 科

1 mm，白色，边缘锐。花期7—8月，果期8—9月。

【**繁殖方式**】千穗谷可以通过多种方式进行繁殖，包括种子繁殖和植物部分的繁殖。

【**扩散途径**】通过引种或旅游等裹挟带入，可随有机肥、种子、水流、风、鸟类等进行传播。

【**危害生境**】生于路边、荒地、山坡、果园、旱地。

【**主要危害**】常于果园危害，有时侵入旱地，是一般性的路埂杂草，会抢夺其他植物的养分和空间资源，导致当地植被减少。此外，千穗谷也会释放出有害的物质，对土壤微生物和其他生态系统组成部分造成毒害。

【**防控措施**】

（1）物理防控：加大检疫力度，将千穗谷于结果前拔除。加大人工拔除力度，可大大减少千穗谷种子的产生，降低来年的发生数量。对千穗谷大量出现的农田要重点防除。

（2）化学防控：化学除草剂防除效果良好，如莠去津、乙草胺、烟嘧磺隆等作用于玉米地化学防除；乙羧氟草醚、氟磺胺草醚用于大豆田除草；敌草隆、噁草酮用于棉花地除草。

32. 长芒苋

【拉丁名】*Amaranthus palmeri* S.Watson

【分类地位】苋科苋属

【分布范围】原产美国西南部,现广布北美洲、欧洲和亚洲。国内现主要分布于北京、天津、河北、辽宁、江苏、山东。

【入侵中国的最早记载】1985年首次发现于北京市丰台区范庄子村(现槐房路附近)路边。

【形态及生物学特征】

一年生草本植物。株高可达近300 cm,浅绿色,雌雄异株。茎直立,粗壮,绿黄色或浅红褐色,无毛或上部散生短柔毛。分枝斜展至近平展。叶片无毛,卵形至菱状卵形,先端钝、急尖或微凹,常具小突尖,叶基部楔形,略下延,叶全缘,侧脉每边3~8条。叶柄长,纤细。

二 苋 科

穗状花序生于茎顶和侧枝顶端,直立或略弯曲,花序长者可达60 cm以上。花序生于叶腋者较短,呈短圆柱状至头状。苞片钻状披针形,长4~6 mm,先端芒刺状,雄花苞片下部约1/3具宽膜质边缘,雌花苞片下半部具狭膜质边缘。雄花花被片5,极不等长,长圆形,先端急尖,最外面的花被片长约5 mm,中肋粗,先端延伸成芒尖。其余花被片长3.5~4 mm,中肋较弱且少外伸。雄蕊5,短于内轮花被片。雌花花被片5,稍反曲,极不等长,最外面一片倒披针形,长3~4 mm,先端急尖,中肋粗壮,先端具芒尖。其余花被片匙形,长2~2.5 mm,先端截形至微凹,上部边缘啮蚀状,芒尖较短。花柱2(3)。果近球形,长1.5~2 mm,果皮膜质,上部微皱,周裂,包藏于宿存花被片内。

【繁殖方式】种子繁殖。

【扩散途径】主要通过棉花、粮食、豆类及饲料等农产品携带进行远距离传播,也可通过风、水流等近距离传播。

【危害生境】极易入侵荒地、沟边、铁路与公路沿线、仓库周围及农田，在湿地或水浇地中植株生长得更为茂盛。

【主要危害】长芒苋生长速度快、繁殖和适应性强，一旦在新的环境中定殖繁衍将很难根除，且很容易形成优势群落，对生物多样性和生态环境破坏极大。若入侵农田可抑制农作物的生长，导致作物严重减产和品质下降。

【防控措施】

（1）监测预警：在营养生长期尤其是花果期定期开展监测调

查，查明长芒苋在扩散前沿带、前哨点和潜在入侵地的发生动态，绘制高精度分布图，一旦发现新的入侵要及时及早根除。

（2）物理防控：在长芒苋幼苗期至植株结子期前进行人工或机械铲除，防止长芒苋种子成熟后扩散蔓延。

（3）化学防控：在长芒苋2~3叶期。选用灭草松、乳氟禾草灵、草甘膦等除草剂进行茎叶喷雾处理。

（4）综合防控：除了上述防控手段外，对于依然残存的长芒苋植株，需抓住结籽落粒前的关键时期，主要采用机械切除地上部分并做灭活处理，同时采用土壤深翻的方式，避免下一年的种子萌发，每个发生区域应至少连续防除3年。

33. 刺花莲子草

【拉　丁　名】*Alternanthera pungens*

【别　　　名】地雷草

【分 类 地 位】苋科莲子草属

【分 布 范 围】原产北美洲。我国分布于安徽、湖北、湖南、广东、福建（南部）、海南、香港、四川（西南部）、云南。

【入侵中国的最早记载】最早于1957年在四川采集到该物种标本。

【形态及生物学特征】

一年生草本；茎披散，匍匐，有多数分枝，铺在地面20~30 cm，密生伏贴白色硬毛。叶片卵形、倒卵形或椭圆倒卵形，长1.5~4.5 cm，宽5~15 mm，在一对叶中大小不等，顶端圆钝，有一短尖，基部渐狭，两面无毛或疏生伏贴毛；叶柄长3~10 mm，无毛或有毛。

头状花序无总花梗，1～3个，腋生，白色，球形或矩圆形，长5～10 mm；苞片披针形，长约4 mm，顶端有锐刺；小苞片披针形，长3～4 mm，顶端渐尖，无刺；花被片大小不等，2外花被片披针形，长约5 mm，凸形，在下半部有3脉，花期后变硬，近基部左右有丛毛，中脉伸出成锐刺，中部花被片长椭圆形，长3～3.5 mm，扁平，近顶端牙齿状，凸尖，近基部左右有丛毛，2内花被片小，凸形，环包子房，在背部有丛毛；雄蕊5，花丝长0.5～0.75 mm；退化雄蕊远比花丝短，全缘、凹缺或不规则牙齿状；花柱极短。胞果宽椭圆形，长1～1.5 mm，褐色，极扁平，顶端

截形或稍凹。花期5月，果期7月。

【繁殖方式】刺花莲子草一般为种子繁殖。

【扩散途径】经由货物、旅行的行李和人畜携带传播扩散。

【危害生境】生于海边旷地、耕地边、河漫滩、路边荒地或干热河谷。

【主要危害】花被片顶端变成刺扎人，人们对这种植物极为厌恶。对猪和羊有毒，会使牛患皮肤病，其刺在耕作或绿化中给人们带来伤害。

【防控措施】

（1）物理防控：在开花结果前，用割草机割去地上部分，减少种子量。

（2）化学防控：在生长期、开花前，使用草甘膦、氯氟吡氧乙酸或2甲4氯等除草剂，对茎叶喷施，可有效抑制刺花莲子草的生长。

（3）农业防控：采取轮作、施用腐熟的厩肥、合理植、深耕等，综合运用各项措施。也可用有经济价值或生态价值的本地植物取代刺花莲子草。

34. 喜旱莲子草

【拉　丁　名】*Alternanthera philoxeroides*（Mart.）Griseb.

【别　　　名】空心莲子草、水花生、革命草、水蕹菜、空心苋、长梗满天星、空心莲子菜

【分类地位】苋科莲子草属

【分布范围】原产巴西，引种我国后，逸为野生，分布于河北、北京、山东、江苏、浙江、江西、湖南、湖北、四川、福建、台湾、广西。

【入侵中国的最早记载】20世纪30年代末引种到我国，50年代，我国南方地区作为家畜牛、猪、羊的饲料加以推广，现已逸为野生，在各地扩展为恶性杂草。

【形态及生物学特征】

苋科莲子草属多年生草本植物；茎基部匍匐，上部斜升，中空，管状，不明显4棱，长55~120 cm，具分枝，幼茎及叶腋有白色或锈色柔毛，茎老时无毛，仅在两侧纵沟内保留。叶对生，叶片矩圆形、矩圆状倒卵形或倒卵状披针形，长2.5~5 cm，宽7~20 mm，顶端急尖或圆钝，具短尖，基部渐狭，全缘，两面无毛或上面有贴生毛及缘毛，边缘有睫毛，下面有颗粒状突起；叶柄长3~10 mm，无毛或微有柔毛。

二 苋 科

花密生，成具总花梗的头状花序，单生茎上部的叶腋，球形，直径8～15 mm；苞片及小苞片白色，顶端渐尖，具1脉；苞片卵形，长2～2.5 mm，小苞片披针形，长2 mm；花被片长圆形，长5～6 mm，白色，光亮，无毛，顶端急尖，背部侧扁，基部带粉红色，有光泽。雄蕊花丝长2.5～3 mm，基部连合成杯状；退化雄蕊矩圆状条形，和雄蕊约等长，顶端裂成窄条；子房倒卵形，具短柄，背面侧扁，顶端圆形。果实未见。花期5—7月，果期8—10月。

【繁殖方式】以无性繁殖为主。

【扩散途径】最早是作为饲料引进，逸为野生后可随水流向外传播。

99

【危害生境】主要在水田、旱田、空地、鱼塘、沟渠、河道等环境中生长危害。

【主要危害】该草水陆均可生长，可入侵多种生境，生长迅速难以控制，对入侵地的生物多样性、生态系统造成破坏，对农业灌溉、水产养殖、河流运输等造成巨大损失。

【防控措施】

（1）物理防控：主要是依靠人力或者机械设备，如人工锄草或机械铲草、水域打捞等，实现基数的削减，适用于新入侵或密度比较小的水花生种群。

（2）化学防控：除草剂的选择和浓度需要根据喜旱莲子草发生的生境和程度不同来确定，被广泛使用的除草剂有2甲4氯、氯氟吡氧乙酸、草甘膦等。

（3）生物防控：通过引入天敌，利用微生物，或者替代控制来阻止喜旱莲子草的持续蔓延，达到经济、环保、可持续的目的。美国在危害严重的河流及湖泊中释放喜旱莲子草叶甲和斑螟蛾，使喜旱莲子草基本得到控制。我国主要使用喜旱莲子草叶甲进行防治。

（4）农业防控：结合换季倒茬，深翻土壤，挖除土中的根茎，晒干或烧毁；也可采用稻田养鱼、养鸭或池塘等水域养殖草食鱼防控。

35. 小藜

【拉丁名】*Chenopodium ficifolium* Sm.
【别　　名】灰灰菜、小灰菜
【分类地位】苋科藜属
【分布范围】原产西伯利亚、日本及欧洲，我国除西藏未见标本外，其余各省份都有分布。

【形态及生物学特征】

幼苗子叶线形，肉质，基部紫红色，有短叶柄。初生叶线形，先端钝，基部楔形，全缘，叶下面略呈紫红色，有短柄。下胚轴与上胚轴均较发达，玫瑰红色。后生叶披针形，常于基部有2个较短的裂片，叶缘具波状齿。成株株高20~50 cm。茎直立，有分枝，有绿色纵条纹，幼茎常密被粉粒。叶互生，有柄，长圆状卵形，长2~5 cm，宽1~3 cm，先端钝，边缘有波状齿，下部的叶近基部有2个较大的裂片，两面疏生粉粒。

花和子实花序穗状或圆锥状；腋生或顶生。花两性。花被片5片，先端钝，淡绿色。雄蕊5枚，长于花被。柱头2个，线形。胞果包于花被内，果皮膜质。种子直径约1 mm，圆形，边缘有棱，黑色，有光泽，表面有明显的蜂窝状网纹。

【繁殖方式】以种子繁殖。

【扩散途径】无意引进，种子可以通过风、水或动物传播。

【危害生境】适生于湿润环境，常见于菜地，冬种作物地和旱地上。

【主要危害】为普通田间杂草，有时也生于荒地、道旁、垃圾堆等处。与作物争夺阳光、养分、水分等，也是病虫害的传播者，会造成农作物不同程度的减产。杂草具有强大的繁殖能力，顽强的适应能力，生长发育快，种类多，传播途径广，容易蔓延和产生危害。

【防控措施】

（1）物理防控：

人工防治：①控制杂草种子入田，人工防除首先是尽量勿使杂草种子或繁殖器官进入作物田，清除地边、路旁的杂草，严格杂草检疫制度，精选播种材料，特别注意国内没有或尚未广为传播的杂草必须严格禁止输入或严加控制，防止扩散，以减少田间杂草来源。用杂草沤制农家肥时，应将农家含有杂草种子的肥料用薄膜覆盖，高温堆沤2～4周，腐熟成有机肥料，杀死其发芽力后再用；②人工除草结合农事活动，如在杂草萌发后或生长时期直接进行人工拔除或铲除,或结合中耕施肥等农耕措施剔除杂草。

机械防治:结合农事活动,利用农机具或大型农业机械进行各种耕翻、耙、中耕松土等措施进行播种前、出苗前及各生育期等到不同时期除草,直接杀死、刈割或铲除杂草。

(2)化学防控:根据小藜的生长条件和土壤环境,选择适合的除草剂。国内外已有300多种化学除草剂,并加工成不同剂型的制剂,可用于几乎所有的粮食作物、经济作物地的除草。

(3)农业防控:利用覆盖、遮光等原理,覆盖在小藜生长的地方,遮光、阻隔水分和空气,使它无法生长,用塑料薄膜覆盖或播种其他作物(或草种)等方法进行除草。

36. 灰绿藜

【拉　丁　名】*Oxybasis glauca*(L.)S. Fuentes,Uotila & Borsch

【别　　　名】盐灰菜、灰芥菜、灰条菜、黄瓜菜、山根龙、山菾菠、栎叶藜、翻白藜、小灰菜。

【分类地位】苋科红叶藜属

【分布范围】原产亚洲和非洲的热带和亚热带地区，我国除台湾、福建、江西、广东、广西、贵州、云南等省份外，其他各地都有分布。

【入侵中国的最早记载】1935年《中国北部植物图志》记载。

【形态及生物学特征】

一年生草本，高20～40 cm。茎平卧或外倾，具条棱及绿色或紫红色色条。叶片矩圆状卵形至披针形，长2～4 cm，宽6～20 mm，肥厚，先端急尖或钝，基部渐狭，边缘具缺刻状牙齿，上面无粉，平滑，下面有粉而呈灰白色，有稍带紫红色；中脉明显，黄绿色；叶柄长5～10 mm。

花两性兼有雌性，通常数花聚成团伞花序，再于分枝上排列成有间断而通常短于叶的穗状或圆锥状花序；花被裂片3～4，浅绿色，稍肥厚，通常无粉，狭矩圆形或倒卵状披针形，长不及1 mm，先端通常钝；雄蕊1～2，花丝不伸出花被，花药球形；柱头2，极短。胞果顶端露出于花被外，果皮膜质，黄白色。种子扁球形，直径0.75 mm，横生、斜生及直立，暗褐色或红褐色，边缘钝，表面有细点纹。花果期5—10月。

二 苋 科

【繁殖方式】主要以种子繁殖。

【扩散途径】自然传播或通过动物和人类的活动等途径携带而扩散。

【危害生境】生于农田、菜园、村房、水边等有轻度盐碱的土壤上。

【主要危害】灰绿藜竞争农作物和野生植物所需的养分、水分和阳光，对作物产量造成严重影响。其茂密的生长也给农作物管理带来困难，增加了除草工作的复杂性。此外，灰绿藜还可能作为寄主携带病毒和其他病原体，传播给农作物。

【防控措施】

（1）物理防控：在萌发后或生长时期人工或机械清除地边、路旁的灰绿藜，尽量勿使种子或繁殖器官进入作物田。

（2）化学防控：用西玛津、噁草酮、灭草松等除草剂防治。

（3）农业防控：结合农事活动，进行各种耕翻、耙、中耕松土等措施进行播种前、出苗前及各生育期等到不同时期除草，直接杀死、刈割或铲除。

（4）替代控制：利用覆盖、遮光等原理，用塑料薄膜覆盖或播种其他作物（或草种）等方法进行除草。

37. 杂配藜

【拉丁名】*Chenopodiastrum hybridum*（L.）S. Fuentes, Uotila & Borsch

【别　　名】大叶藜、血见愁

【分类地位】苋科麻叶藜属

【分布范围】原产欧洲及西亚，现广布于北半球温带及夏威夷群岛。我国分布于河北、北京、天津、山东、黑龙江、吉林、辽宁、内蒙古、浙江、陕西、山西、宁夏、甘肃、湖北、四川、重庆、云南、青海、西藏、新疆。

【入侵中国的最早记载】1864年在河北承德发现。

【形态及生物学特征】

一年生草本，稍被细粉粒；茎直立，高达1 m，粗壮，具淡黄色或紫色条棱，上部有疏分枝；叶宽卵形或卵状三角形，长6～15 cm，宽5～12 cm，两面近同色，幼嫩时有粉粒，先端尖或渐尖，基部圆、平截或稍心形，边缘掌状浅裂，裂片三角形，不等大；叶柄长2～7 cm；花被5裂，裂片窄卵形，先端钝，背面具纵脊，边缘膜质；雄蕊5；胞果果皮膜质，常有白色斑点，与种子贴生；种子横生，双凸镜形，径2～3 mm，黑色，具圆形深洼状纹饰；胚环形。花果期7—9月。

【**繁殖方式**】主要以种子繁殖。

【**扩散途径**】通过鸟和家畜携带散播，也可通过农业生产活动，以及运输过程中无意散播。

【**危害生境**】通常生长在林边、山坡灌丛间、沟沿等处。

【主要危害】为最常见的农业、园艺和蔬菜作物田地中的杂草之一。在农田中与作物竞争水源，降低产量；幼苗可做家畜饲料，但大量食用会引起猪羊等硝酸盐中毒。

【防控措施】

（1）物理防控：在开花前进行人工拔除或机械清除，由于杂配藜种子有休眠特性，在整个生长季都可发芽生长，因此必须反复铲除。

（2）化学防控：大多数除草剂对杂配藜都有效，如氯嘧磺隆等，但有时杂配藜可对三嗪类除草剂产生抗性，防除效果受限。

（3）生物防控：可采用植物农药、微生物农药。

38. 土荆芥

【拉丁名】*Dysphania ambrosioides*（L.）Mosyakin & Clemants

【别　　名】臭草、杀虫芥、鹅脚草

【分类地位】苋科腺毛藜属

【分布范围】原产北美洲、南美洲，现已广布于北京、山东、陕西、上海、浙江、江西、福建、台湾、广东、海南、香港、广西、湖南、湖北、重庆、贵州、云南等地。

【入侵中国的最早记载】1864年在台湾台北淡水采到标本。

【形态及生物学特征】

一年生或多年生草本，高50~80 cm，有强烈香味。茎直立，多分枝，有色条及钝条棱；枝通常细瘦，有短柔毛并兼有具节的长柔毛，有时近于无毛。叶片矩圆状披针形至披针形，先端急尖或渐尖，边缘具稀疏不整齐的大锯齿，基部渐狭具短柄，上面平滑无毛，下面有散生油点并沿叶脉稍有毛，下部的叶长达15 cm，宽达

二 苋 科

5 cm，上部叶逐渐狭小而近全缘。

花两性及雌性，通常3~5个团集，生于上部叶腋；花被裂片5，较少为3，绿色，果时通常闭合；雄蕊5，花药长0.5 mm；花柱不明显，柱头通常3，较少为4，丝形，伸出花被外。胞果扁球形，完全包于花被内。种子横生或斜生，黑色或暗红色，平滑，有光泽，边缘钝，直径约0.7 mm。花期和果期的时间都很长。

【繁殖方式】土荆芥繁殖方式主要为种子繁殖。

【扩散途径】能借助地下茎段进行无性繁殖，随苗木、草坪等引种扩散。

【危害生境】土荆芥喜阳光充足、温暖干燥气候；以肥沃疏松、排水良好的沙质壤土为宜。喜生于村旁、路边、河岸等处。

【主要危害】是常见旱田、果园、茶园的杂草。该种含有毒的挥发油，对伴生植物产生化感作用。

【防控措施】

（1）物理防控：苗期及时人工锄草，在开花结果前进行人工铲除。

（2）化学防控：可使用2甲4氯、异丙草·莠等广谱的除草剂，或根据不同的防治对象，选用合适的药剂进行防治。注意严格按照说明书上的推荐剂量使用除草剂，避免过量使用导致作物受损或环境污染。

禾 本 科

华北平原主要农业外来入侵植物图鉴与防控

39. 野燕麦

【拉 丁 名】*Avena fatua* L.
【别　　名】燕麦草、乌麦、南燕麦
【分类地位】禾本科燕麦属
【分布范围】原产欧洲南部及地中海沿岸，现欧洲、亚洲、非洲的温寒地带均有分布，北美洲也有输入。在我国主要分布于北京、天津、河北、山东、河南、山西、内蒙古、辽宁、吉林、黑龙江、上海、江苏、浙江、安徽、福建、江西、湖北、湖南、广东、广西、海南、重庆、四川、贵州、云南、西藏、陕西、青海、宁夏、新疆、台湾、香港、澳门。
【入侵中国的最早记载】19世纪中叶曾先后在香港和福州采到标本。
【形态及生物学特征】

一年生。须根较坚韧。秆直立，光滑无毛，高60～120 cm，具2～4节。叶鞘松弛，光滑或基部者被微毛；叶舌透明膜质，长1～5 mm；叶片扁平，长10～30 cm，宽4～12 mm，微粗糙，或上面和边缘疏生柔毛。圆锥花序开展，金字塔形，长10～25 cm，分枝具棱角，粗糙。

小穗长18～25 mm，含2～3小花，其柄弯曲下垂，顶端膨胀；小穗轴密生淡棕色或白色硬毛，其节脆硬易断落，第一节间长约3 mm；颖草质，几相等，通常具9脉；外稃质地坚硬，第一外稃长15～20 mm，背面中部以下具淡棕色或白色硬毛，芒自稃体中部稍下处伸出，长2～4 cm，膝曲，芒柱棕色，扭转。颖果被淡棕色柔毛，腹面具纵沟，长6～8 mm。花果期4—9月。

【繁殖方式】野燕麦一般多为种子繁殖。

【扩散途径】种子可随风、水流及调运种子传播。

【危害生境】该种在海拔4 300 m以下均可分布，常见于荒野或田间。

【主要危害】根系发达，分蘖能力强，为农田恶性杂草，可与农作物争水、争光、争肥，降低作物产量；同时种子易混杂于作物中，

降低作物品质。野燕麦能传播小麦条锈病、叶锈病，同时是小麦黄矮病等毒病和多种害虫的中间寄主和越冬越夏的栖息场所。

【防控措施】

（1）物理防控：加强检验检疫和人工拔除力度。

（2）化学防控：通过选择合适的除草剂和施用方法，可以有效减少野燕麦对农作物的危害，如异丙隆、炔草酯、唑啉草酯、啶磺草胺和甲基二磺隆等。这些除草剂在不同生长阶段对野燕麦的防除效果各有优劣。例如，异丙隆兼有土壤封闭处理和茎叶处理效果，适用于小麦播后苗前和苗后早期；炔草酯对小麦的安全性高，适用于杂草出苗后使用；唑啉草酯在小麦2叶1心期至孕穗期均能施用；啶磺草胺掌握在小麦4~6叶期、杂草基本出齐且处于3~5叶期时施用效果最佳；甲基二磺隆在小麦2叶1心期至拔节前施用效果较好。

（3）农业防控：加强田间管理，严防传播蔓延。一是加强植物检疫，严防调种带入。二是野燕麦危害的地区严格精选种子，清除青稞种子中的野燕麦种子。同时建立无野燕麦种子田或穗选种子田，杜绝野燕麦随青稞种子远距离传播。三是要发动群众在未抽穗前消灭田埂、渠道的野燕麦以减少传染源。四是妥善处理已成熟的野燕麦，对田间拔除的或随收获作物带入场里的野燕麦要集中烧毁，作饲料时可加工粉碎，以防扩散。

40. 节节麦

【拉　丁　名】*Aegilops triuncialis* Coss.
【别　　　名】山羊草
【分类地位】禾本科山羊草属
【分布范围】原产亚洲西部。在我国河北、山东、河南、陕西、山西、新疆、江苏、安徽、重庆有分布。
【入侵中国的最早记载】最早于1955年在陕西采集到标本。
【形态及生物学特征】

　　一年生草本植物，秆高20~40 cm。叶鞘紧密包茎，平滑无毛而边缘具纤毛；叶舌薄膜质，长0.5~1 mm；叶片宽约3 mm，微粗糙，上面疏生柔毛。穗状花序圆柱形，含（5）7~10（13）个小穗；小穗圆柱形，长约9 mm，含3~4（5）小花；颖革质，长4~6 mm，通常具7~9脉，或可达10脉以上，顶端截平或有微齿；外稃披针形，顶具长约1 cm的芒，穗顶部者长达4 cm，具5脉，脉仅于顶端显著，第一外稃长约7 mm；内稃与外稃等长，脊上具纤毛。花果期5—6月。

三 禾 本 科

【繁殖方式】节节麦以种子繁殖。种子成熟后一部分落在田里，次年萌发，而大部分混杂在小麦等作物子实中随调运传播。

【扩散途径】人工引种到华北、西北地区栽培，而后混杂在小麦等作物子实中扩散。

【危害生境】多生于荒芜草地或麦田中。

【主要危害】主要危害麦田，节节麦一般发生区可造成小麦减产12%~15%，高发区小麦减产20%~38%，同时小麦的品质也明显下降。

【防控措施】

（1）遏制种子传播：

①精选种子：节节麦发生的一大传播途径就是种子传播，节节麦种子与普通小麦种子极为相似，只比普通麦种小一些，因此在播种前要进行认真筛选。同时，加强种子质量监督检查，严格把好种子检验检疫关，从根本上杜绝节节麦种子的传播。

②防止机械带种传播：针对收割机跨区作业带种问题，最有效

的防治方法就是不用有大量节节麦发生区域进行过收割操作的机器进行异地收割。如果必须跨区作业，最好是在收割机下地前进行彻底清理，以防节节麦种子的传播。

（2）物理防控：人工拔除是防治节节麦最有效的办法，节节麦的生命力极强，极易生长繁殖，在苗期进行人工拔除的时候一定要连根一次性拔除，拔除后及时带出田外在阳光下暴晒致其彻底死亡。成株期要在其籽粒成熟之前进行一次性拔除，防止拔除时籽粒脱落造成大量传播，同时要将拔除的植株全部带出田外进行集中销毁，不能在田边路旁堆积，以防节节麦种子再次传入田间。

（3）化学防控：小麦播种后至出苗前，可用异丙隆对地面均匀喷雾。异丙隆是一种芽前苗后除草剂，药剂主要经杂草根和茎叶吸收，通过干扰杂草叶片光合作用的进行，使杂草在光照下不能释放出氧气和二氧化碳，有机物生成停止，最终将杂草杀死，可有效防止节节麦幼苗出土，持效期可达2~3个月。

甲基二磺隆也是防治节节麦的一种有效化学药剂。最佳防治时间在10月底至11月上旬，根据药剂使用说明采用冬前用药。这种药剂不能在优质麦上使用，以免发生药害。在普通品种麦田使用时一定要施足底肥，促进苗壮，以避免用药后出现的麦苗黄化和蹲苗现象，减轻对麦苗生长的影响。

（4）农业防控：

①轮作倒茬：节节麦发生特别严重的地块建议轮作倒茬，可与春玉米、油菜、棉花等作物进行轮作，破坏节节麦的生长环境。

②施用腐熟有机肥：采用高温堆肥，充分发酵，利用高温杀死有害杂草种子，以防节节麦种子随肥料进行传播。

③深耕灭草：节节麦种子主要集中在3~8 cm的土层中，这是较为适合的土壤深度，采用深耕技术可以打破节节麦种子的生存环

三 禾 本 科

境,使之失去正常的生长条件,发芽受阻。深耕要在前茬作物收获后小麦播种前进行,通过机械深耕将节节麦种子翻入土层20 cm以下,抑制其发芽生长,最终坏死。

41. 扁穗雀麦

【拉 丁 名】*Bromus catharticus* Vahl
【分类地位】禾本科雀麦属
【分布范围】起源于秘鲁。我国河北、江苏、云南、贵州、内蒙古、台湾有分布。
【入侵中国的最早记载】最早于1923年在福建采集到标本。
【形态及生物学特征】

一年生草本。秆直立,高60～100 cm,径约5 mm。叶鞘闭合,被柔毛;叶舌长约2 mm,具缺刻;叶片长30～40 cm,宽4～6 mm,散生柔毛。圆锥花序开展,长约20 cm;分枝长约10 cm,粗糙,具1～3枚之大型小穗;小穗两侧极压扁,含6～11小花,长15～30 mm,宽8～10 mm;小穗轴节间长约2 mm,粗糙;

颖窄披针形，第一颖长10～12 mm，具7脉，第二颖稍长，具7～11脉；外稃长15～20 mm，具11脉，沿脉粗糙，顶端具芒尖，基盘钝圆，无毛；内稃窄小，长约为外稃的1/2，两脊生纤毛；雄蕊3，花药长0.3～0.6 mm。颖果与内稃贴生，长7～8 mm，胚比1/7，顶端具毛茸。花果期春季5月和秋季9月。

【繁殖方式】扁穗雀麦主要为种子繁殖。

【扩散途径】作为牧草有意引进江苏等栽培，且能够通过地下根茎进行扩散。

【危害生境】耐寒、耐旱、耐酸碱，喜生于山坡隐蔽处及溪沟边。

三 禾 本 科

【主要危害】是农田、路边、草场杂草,它会在作物生长期内抢占养分、水分等生长所需资源,严重影响作物的产量和品质,也是部分农作物病虫害的宿主。

【防控措施】

(1)严禁引种:禁止作为牧草和绿化植物引种于开阔地。

(2)化学防控:可使用草甘膦和草铵膦等比较广谱的除草剂。

42. 大米草

【拉丁名】*Sporobolus anglicus*(C. E. Hubb)P. M. Peterson & Saarela

【分类地位】禾本科鼠尾粟属

【分布范围】原产欧洲。国内分布于辽宁、河北、天津、山东、江苏、浙江、福建、广东、广西等地。

【入侵中国的最早记载】1963—1964年从英国、丹麦引进,1964年在江苏射阳育苗成功,1978年推广。最早于1936年在江苏采集到该物种标本。此后,在天津、广东、澳门有记录。

【形态及生物学特征】

多年生直立草本,秆直立,分蘖多而密聚成丛,高度随生长环境条件而异,10~120 cm,径3~5 mm,无毛。

叶鞘大多长于节间,无毛,基部叶鞘常撕裂成纤维状而宿存;叶舌长约1 mm,具长约1.5 mm的白色纤毛;叶片线形,先端渐尖,基部圆形,两面无毛,长约20 cm,宽8~10 mm,中脉在上面不显著。

穗状花序长7~11 cm,劲直而靠近主轴,先端常延伸成芒刺状,穗轴具3棱,无毛,2~6枚总状着生于主轴上;小穗单生,长卵状披针形,疏生短柔毛,长14~18 mm,无柄,成熟时整个脱落；第一颖草质，先端长渐尖，长6～7 mm，具1脉；第二颖先端略钝，长14～16 mm，具1～3脉；外稃草质，长约10 mm，具1脉，脊上微粗糙；内稃膜质，长约11 mm，具2脉；花药黄色，长约5 mm，柱头白色羽毛状；子房无毛。颖果圆柱形，长约10 mm，光滑无毛，胚长达颖果的1/3。花果期8—10月。

三 禾 本 科

【繁殖方式】大米草种子一般多采用分株繁殖,也可利用根茎繁殖。

【扩散途径】引进滩涂种植。

【危害生境】生于潮水能经常到达的海滩沼泽中。

【主要危害】破坏近海生物的栖息环境，影响海水的交换能力，使沿海养殖的多种生物窒息死亡。

【防控措施】

（1）物理防控：①人工打捞、割除或拔除。②对滩涂上的大米草可以使用轻型履带车碾压，将大米草压进淤泥里。

（2）化学防控：化学防治是一种常见的大米草治理方法。可以选择一些对大米草有特殊杀伤作用的除草剂，如草甘膦、苯唑氟草酮等，进行喷洒或施用，来达到控制大米草生长的目的。但在使用化学除草剂时，需要注意剂量的控制，避免对水稻造成不必要的伤害。

（3）源头预防：严禁引种，强化口岸防控。强化入境货物、运输工具、寄递物、旅客行李、跨境电商等外来物种入侵渠道的口岸检疫监管和执法力度。对非法引进、携带、寄递、走私外来物种等违法行为进行打击，对发现的外来入侵物种依法进行处置。

43. 互花米草

【拉丁名】*Spartina alterniflora* Loisel.

【分类地位】禾本科米草属

【分布范围】原产美国东南部沿海，我国主要分布在山东、河北、江苏、上海、浙江、福建、广东、香港等省份。

【入侵中国的最早记载】1979年互花米草作为滩涂固淤的"绿色卫士"引入中国。

【形态及生物学特征】

多年生草本植物；地下部由短而细的须根和根状茎组成，根系发达；植株茎秆坚韧、直立，茎节具叶鞘，叶腋有腋芽；叶片互生，长披针形，具盐腺，叶表有白色粉状的盐霜出现。

圆锥花序长20～45 cm，具10～20个穗形总状花序，有16～24

个小穗，小穗侧扁，长约1 cm；两性花；子房平滑，两柱头很长，呈白色羽毛状；雄蕊3个，花药成熟时纵向开裂，花粉黄色。种子通常8—12月成熟，颖果长0.8~1.5 cm，胚呈浅绿色或蜡黄色。3~4个月即可达到性成熟，其花期与地理分布有关，互花米草在北美洲的花期一般是6—10月，在南美洲是12月到翌年6月，在欧洲是7—11月。有些地方，互花米草并不开花，如新西兰和美国华盛顿Padilla Bay海湾。

【繁殖方式】根茎或种子繁殖。

【扩散途径】种子可随风浪、洋流传播，有意或无意的人类活动可加大互花米草的扩散地域。

【危害生境】通常生长在河口、海湾等沿海滩涂的潮间带及受潮汐影响的河滩上。

【主要危害】破坏近海生物栖息环境，影响滩涂养殖；堵塞航道，影响船只出港；影响海水交换能力，导致水质下降，并诱发赤潮；威胁本土海岸生态系统，致使大片红树林消失。

【防控措施】

（1）物理防控：主要通过刈割、翻耕、挖掘等手段，抑制互花米草的光合或者呼吸作用，在短时间内有效控制其生长繁殖。

（2）化学防控：主要依赖于草甘膦、草铵膦、高效氟吡甲禾灵、咪唑烟酸等除草剂。其中，高效氟吡甲禾灵和咪唑烟酸兼顾安全性和有效性，因而得到广泛应用。

（3）生物防控：有引入天敌和物种替代2种方法，前者依靠玉黍螺等食草动物来减缓互花米草的繁殖数量与生长速度，后者则尝试利用芦苇替代互花米草。

（4）综合防控：基于各种方法的优点，结合起来控制互花米草，达到更好的防治效果。例如，先采用刈割等物理方法清除互花米草的地上部分，再进行淹水胁迫使其地下部分缺氧腐烂，最后使用除草剂进行进一步除草。

44. 假高粱

【拉　丁　名】*Pseudosorghum fasciculare*（Roxb.）A. Camus

【分类地位】禾本科假高粱属

【分布范围】原产地中海地区，现分布在安徽、江苏、北京、河北、广东、广西、海南、香港、福建、湖南、上海、辽宁、四川、重庆、云南、台湾等地。

【入侵中国的最早记载】20世纪初曾从日本引到我国台湾南部栽培，同一时期在香港和广东北部发现归化。

【形态及生物学特征】

一年生草本。秆直立或基部外倾而节上生根，高可达2 m，常具多数分枝，无毛或有时节上被毛。叶鞘松散，常在中上部有瘤基长硬毛；叶舌草质或上部膜质，长2～4 mm，边缘无毛或有纤毛；叶片线形，除内面基部有瘤基长毛外两面无毛，稍粗糙，长10～40 cm，宽4～10 mm。

圆锥花序由数至多数总状花序组成，长4～13 cm，下部每节上分枝最多时可达10枚，主轴节上及分枝腋间有长毛；总状花序直立

或开展，长1.5～5 cm，具6～14节；穗轴节间线形，先端略膨大，长约3 mm，两侧被长纤毛；无柄小穗披针形，长约4.5 mm，淡黄绿色或淡紫色，基盘有毛；第一颖背部扁平，光亮，光滑，有7～9脉，先端钝，两侧稍有脊，脊粗糙，脊间有微毛；第二颖稍长于第一颖，舟形，光滑无毛；第一外稃较颖稍短，长圆形，边缘内弯，边缘有纤毛；第二外稃短，长约2 mm，有芒，膜质，2裂至中部稍下，裂齿有纤毛；芒长15～18 mm，膝曲，芒柱褐色，扭转；第二内稃小；鳞被无毛，楔形；雄蕊3枚，花药长1.4 mm；有柄小穗披针形，长约4.5 mm，通常中性，具颖片及外稃；小穗柄长约3 mm，两侧边缘有纤毛。花期为6—9月。

【繁殖方式】以种子和根茎繁殖，每株可以产生1万～2万粒种子。

【扩散途径】混杂在粮食中的种子是假高粱远距离传播的主要途径。其种子可随水流传播，根茎可以在地下扩散蔓延，也可以被货物携带向较远距离传播。

【危害生境】假高粱耐肥、喜温暖湿润、夏天多雨的地区，根茎不耐寒。多生于海拔1 000 m以下的河岸灌丛、丘陵边缘或耕地附近。

【主要危害】假高粱能对30多种作物构成危害，包括谷类、棉花、苜蓿、甘蔗、麻类等，造成作物大幅减产。其花粉易与高粱属作物杂交，使产量降低、品种变劣。假高粱可以产生化感物质，抑制作

三 禾 本 科

物种子萌发和幼苗生长。其嫩芽中氰化物含量较高，牲畜食后容易受到毒害。还可作为高粱属作物许多害虫和病毒的寄主。此外，假高粱入侵后当地生物多样性明显降低，对本土植物影响很大。

【防控措施】加强植物检疫工作，对进口粮食必须严格实施检疫，内检、外检密切配合，有关部门各负其责。疫粮要集中统一加工，清理仓储地，下脚料集中烧毁，杜绝新种源传入。

（1）物理防控：对现有的假高粱，小点片的，一、二年生实生苗，根系尚不发达，可人工挖除。

（2）化学防控：对于假高粱，甲嘧磺隆、草甘膦的防治效果较为理想。有试验表明，甲嘧磺隆株防效最高可达97%，草甘膦防效达97.4%~100%。

45. 多花黑麦草

【拉　丁　名】*Lolium multiflorum* Lamk.

【别　　　名】意大利黑麦草

【分类地位】禾本科黑麦草属

129

【分布范围】原产欧洲。我国分布于江苏、安徽、河北、北京、陕西、河南、山东、甘肃、宁夏、青海、新疆、辽宁、上海、浙江、湖北、湖南、重庆、四川、贵州、云南。

【入侵中国的最早记载】18世纪首先引到我国北方。最早于1930年在山东采集到该物种标本。

【形态及生物学特征】

一年生、越年生或短期多年生。秆直立或基部偃卧节上生根,高50~130 cm,具4~5节,较细弱至粗壮。叶鞘疏松;叶舌长达4 mm,有时具叶耳;叶片扁平,长10~20 cm,宽3~8 mm,无毛,上面微粗糙。

穗形总状花序直立或弯曲,长15~30 cm,宽5~8 mm;穗轴柔软,节间长10~15 mm,无毛,上面微粗糙;小穗含10~15小花,长10~18 mm,宽3~5 mm;小穗轴节间长约1 mm,平滑无毛;颖披针形,质地较硬,具5~7脉,长5~8 mm,具狭膜质边缘,顶端钝,通常与第一小花等长;外稃长圆状披针形,长约6 mm,具5脉,基盘小,顶端膜质透明,具长约5(~15)mm之细芒,或上部小花无芒;内稃约与外稃等长,脊上具纤毛。颖果长圆形,长为宽的3倍。花果期7—8月。

三 禾 本 科

【繁殖方式】多花黑麦草主要为种子繁殖，还可以进行地下根茎繁殖。

【扩散途径】作为牧草人工引种。

【危害生境】多花黑麦草喜温凉湿润气候，能在亚热带地区生长；略耐寒，不耐热。生长于农田、河滩、灌丛、荒地、道路边缘。

【主要危害】多花黑麦草中含有多种有毒成分，其中最主要的是生物碱。这些生物碱对向它们暴露的动物和人都会产生剧烈的毒性作用。多花黑麦草的危害表现多种多样，常见的症状包括肌肉痉挛、颈强直、口唇疱疹、呕吐、腹泻、心律不齐、呼吸急促、体温升高等。在严重的情况下，多花黑麦草还可能导致中毒性休克、癫痫和死亡。同时它也是赤霉病和冠锈病的寄主。

【防控措施】

（1）物理防控：熟悉多花黑麦草的形态学特征，及时辨别并进行人工拔除。

（2）化学防控：①一般防控区域。采取"一次杀除"措施，于小麦3叶1心期至越冬前或春季小麦返青至拔节前，采用唑啉草酯，或甲基二磺隆，或唑啉·炔草酯，或唑啉草酯·甲基二磺隆，或啶磺草胺·唑啉草酯茎叶喷雾处理；②重点防控区域。采取"一封一补"措施，于小麦播种后至出苗前，采用砜吡草唑+吡氟酰草胺土壤喷雾；必要时，于小麦3叶1心期至越冬前或返青至拔节前，采取与一般防控区域同样的方式进行茎叶喷雾补杀。

（3）农业防控：①播种前深翻控草或旋耕除草；②播种前通过灌跑马水诱使多花黑麦草种子萌发出苗，使用灭生性除草剂杀灭杂草；③精选小麦种子，清除夹带的多花黑麦草等杂草种子；④结合机械施肥进行行间除草；⑤清除麦田周边区域杂草，避免杂草种子侵入麦田；⑥清洁联合收割机，避免跨区作业传播杂草种子；⑦小麦孕穗至乳熟前，人工拔除杂草并带离田间集中销毁。

46. 毒麦

【拉　丁　名】*Lolium temulentum* L.

【别　　　名】黑麦子、小尾巴麦子、闹心麦

【分类地位】禾本科黑麦草属

【分布范围】原产欧洲。国内现分布于河北、河南、安徽、黑龙江、陕西、甘肃、青海、新疆、上海、浙江、湖南等地。

【入侵中国的最早记载】在中国，毒麦的扩散始于20世纪50年代，最初在1954年从保加利亚进口的小麦中被发现，随后在1957年出现在黑龙江的归化地带。

【形态及生物学特征】

越年生或一年生草本。秆成疏丛，高20~120 cm，具3~5节，无毛。叶鞘长于其节间，疏松；叶舌长1~2 mm；叶片扁平，质地较薄，长10~25 cm，宽4~10 mm，无毛，顶端渐尖，边缘微粗糙。穗形总状花序长10~15 cm，宽1~1.5 cm；穗轴增厚，质硬，节间长5~10 mm，无毛；小穗含4~10小花，长8~10 mm，宽3~8 mm；小穗轴节间长1~1.5 mm，平滑无毛；颖较宽大，与其小穗近等长，质地硬，长8~10 mm，宽约2 mm，有5~9脉，具狭膜质边缘；外稃长5~8 mm，椭圆形至卵形，成熟时肿胀，质地较薄，具5脉，顶端膜质透明，基盘微小，芒近外稃顶端伸出，长1~2 cm，粗糙；内稃约等长于外稃，脊上具微小纤毛。颖果长4~7 mm，为其宽的2~3倍，厚1.5~2 mm。花果期6—7月。

【繁殖方式】毒麦主要通过种子繁殖。毒麦的种子可以在土壤中存活较长时间，甚至在室内储藏2年后仍有萌芽能力。并且可以利用幼苗或种子越冬幼苗出土较小麦稍晚，抽穗、成熟比小麦略迟，熟后颖片易脱落。不同季节出苗的植株均在初夏（5—6月）开花结实。毒麦主要通过种子进行传播。

【扩散途径】毒麦可以通过落在土壤里的籽粒进行近距离扩散。这些种子可以在土壤中休眠，等待适宜的条件萌发。还可以混杂在小麦等粮食作物中，通过粮食调运进行远距离传播。

【危害生境】毒麦主要生长在麦田和其他谷物田中，特别是在小麦、油菜等夏熟作物田中，或者交通比较发达的公路边、荒地。

三 禾 本 科

【主要危害】毒麦生于麦田中,影响麦子产量和质量。毒麦的混生株率与小麦产量损失呈正相关。且毒麦颖果内种皮与淀粉层之间寄生有真菌的菌丝,产生毒麦碱,人、畜食后都能中毒,轻者引起头晕、昏迷、呕吐、痉挛等症;重者则会使中枢神经系统麻痹以致死亡。此外,毒麦中毒可致使视力障碍。未成熟或多雨潮湿季节收获的种子毒力最强。

【防控措施】

(1)产地检疫和调运检疫:实施产地检疫,建立无检疫对象的良种繁殖基地,从种子源头杜绝疫情传播风险。严格实施调运检疫,杜绝毒麦通过种子和粮食调运而传播。

(2)精选种子:采用水选法和筛选法清除毒麦。水选法是将混有毒麦的小麦倒入盐水中,毒麦因较轻而上浮,捞出后集中烧掉。筛选法是通过筛子筛选出毒麦,反复检查直到筛净为止。

(3)物理防治:人工拔除是防治毒麦最有效的办法,在毒麦开花前人工进行拔除,拔除的时候一定要连根一次性拔除,拔除后及时带出田外在阳光下暴晒致其彻底死亡。成株期要在其籽粒成熟之前进行一次性拔除，防止拔除时籽粒脱落造成大量传播，同时要将拔除的植株全部带出田外进行集中销毁，不能在田边路旁堆积，以防毒麦种子再次传入田间。

（4）化学防治：小麦播后发芽前，用绿麦隆或野麦畏均匀喷雾；麦田苗期发生的毒麦，可用异丙隆进行茎叶均匀喷雾。

（5）农业防治：在小麦收获前拔除毒麦并烧毁，发生过毒麦的麦茬地要进行2年以上的轮作，统一改换小麦良种，严禁农户自留小麦种子和相互串换小麦种子，杜绝疫区的小麦种子外流外调。

茄 科

华北平原主要农业外来入侵植物图鉴与防控

四 茄 科

47. 苦蘵

【拉 丁 名】*Physalis angulata* L.
【别　　名】灯笼草、灯笼果、灯笼泡、苦蘵酸浆
【分类地位】茄科洋酸浆属
【分布范围】原产秘鲁和智利，我国河北、河南、山东、安徽、辽宁、甘肃、浙江、江西、湖北、湖南、福建、四川、广东、广西、海南、台湾、贵州、云南、西藏有分布。
【入侵中国的最早记载】最早于1910年在浙江采集到该物种标本。
【形态及生物学特征】

一年生草本，高10～50 cm。茎多分枝，具棱角，分枝纤细，被短柔毛或后来近无毛。

叶卵形至卵状椭圆形，长3～6 cm，宽2～4 cm，顶端渐尖或急尖，基部阔楔形或楔形，稍偏斜，全缘至有不规则的牙齿或粗齿，近无毛或有疏柔毛；叶柄长1～5 cm。花单生，花梗长0.5～1.2 cm，纤细，被柔毛。花萼被柔毛而以脉上较密，长4～5 mm，5中裂，裂片长三角形或披针形，边缘密生睫毛；花冠淡黄色，阔钟状，长4～6 mm，直径6～8 mm，不明显5浅裂或者仅有5棱角，边缘具睫毛，喉部有紫色斑纹或无斑纹。花

药长1～2 mm，淡黄色或带紫色。果萼卵球状或近球状，直径1.5～2.5 cm，有明显网脉和10条纵肋，薄纸质，被疏柔毛，淡黄色；浆果球状，直径约1 cm。种子扁平，圆盘形，直径约2 mm。花期5—7月，果期7—12月。

【繁殖方式】主要以种子繁殖。

【扩散途径】通过混杂在粮食中传入。通过作物种子、货物和交通工具携带传播。

【危害生境】生于海拔500～1 500 m的山坡林下、林缘、溪边、荒地、沟边、湿地等。

四 茄 科

【主要危害】在农田中与作物竞争水源、养分,降低产量。含生物碱、皂苷和酚类化合物。除了成熟果实外,全株有毒,服食可引起头痛、胃痛、体温降低、瞳孔放大、呕吐、腹泻,循环和呼吸抑制、意识丧失,并可能致命。

【防控措施】

(1)物理防控:人工拔除或机械清除。

(2)化学防控:如在玉米田可用莠去津、烟嘧磺隆,大豆田可用乙羧氟草醚、氟磺胺草醚,棉花田可用乙氧氟草醚防除。

141

48. 假酸浆

【拉　丁　名】*Nicandra physalodes*（L.）Gaertn.
【别　　　名】鞭打绣球、冰粉、大千生、蓝花天仙子
【分 类 地 位】茄科假酸浆属
【分 布 范 围】原产秘鲁，我国河北、河南、山东、安徽、黑龙江、辽宁、甘肃、江西、贵州、云南、西藏、四川、广东有分布。
【入侵中国的最早记载】最早于1934年在四川采集到该物种标本。
【形态及生物学特征】

一年生直立草本植物，多分枝。茎直立，有棱条，无毛，高0.4~1.5 m，上部交互不等的二歧分枝。叶卵形或椭圆形，草质，长4~12 cm，宽2~8 cm，顶端急尖或短渐尖，基部楔形，边缘有具圆缺的粗齿或浅裂，两面有稀疏毛；叶柄长约为叶片长的1/4~1/3。

花单生于枝腋而与叶对生，通常具较叶柄长的花梗，俯垂；花萼5深裂，裂片顶端尖锐，基部心脏状箭形，有2尖锐的耳片，果时包围果实，直径2.5~4 cm；花冠钟状，浅蓝色，直径达4 cm，檐部有折襞，5浅裂。浆果球状，直径1.5~2 cm，黄色。种子淡褐

色，直径约1 mm。花果期夏秋季。

【繁殖方式】种子繁殖。

【扩散途径】有意引进，随栽培扩散逸生，也通过货物和交通工具携带扩散。

【危害生境】生于路旁、宅旁或农田等土壤肥沃、疏松处。

【主要危害】为旱地、宅旁的杂草之一。也发生于路旁和荒野，影响景观。有时也入侵森林。具化感作用，已形成单优群落，排挤本土物种，影响生物多样性。

【防控措施】

（1）物理防控：花果期前采用人工除草、机械刈割铲除。

（2）化学防控：在荒地或路边可利用草甘膦防除，在禾本科作物田可用2甲4氯或氯氟吡氧乙酸等防除。

49. 北美刺茄

【拉　丁　名】*Solanum carolinense* L.
【别　　　名】北美刺龙葵
【分类地位】茄科茄属
【分布范围】原产墨西哥。国内分布于山东、江苏、上海、浙江、四川等地。

四 茄 科

【入侵中国的最早记载】最早于1957年在江苏钟山植物园采集到该物种标本,2012年中国山东首次发现北美刺茄。

【形态及生物学特征】

多年生草本植物,高30~100 cm。具长而横走的地下根茎,全株密生尖刺。茎绿色,老后变为紫色,近顶端分支,并有分散、坚硬、尖锐的刺。叶片上表面绿色,下表面浅绿色,两面都很光滑;边缘有短腺毛;中部的导管在上表面凹下,在下表面呈脊状微微突起,沿主脉有尖刺;叶柄上表面扁平,覆有星形毛,叶片轮生,椭圆形或卵形,长1.9~14.4 cm,宽0.4~8 cm。花白色到浅紫色,星形5裂,约长2.5 cm,生于上部枝条末端和边缘的分支上,丛生,一簇上可长有数朵小花;萼片长2~7 mm,表面常具有小刺;花瓣卵形、分裂,直径可达3 cm;花药直立,长6~8 mm。果实为浆果,多汁、球形,直径为9~15 mm,光滑,成熟时为黄色到橘色,表面有皱纹。果内含有大量种子,种子直径为1.5~2.5 mm。

【繁殖方式】北美刺茄可通过种子、根茎系统、根片段进行繁殖。

【扩散途径】由种子随风扩散，或种子、地下根茎随农作活动和人类活动扩散。

【危害生境】生于田野、花园、废地、铁路边、草丛中，尤其是具有沙质土壤的地方。

【主要危害】北美刺茄是玉米田、粮食作物、番茄地、牧场、荒地的主要问题杂草，也是一些重要害虫和农作物致病菌的中间寄主，

如番茄灰叶斑病、番茄斑枯病、马铃薯和番茄花叶病毒的寄主。入侵农田后可造成农作物减产35%~60%。全株有毒，能引起牲畜中毒；同时也是多种病虫害的中间寄主。

【防控措施】

（1）化学防控：喷施氨氯吡啶酸（一种内吸性除草剂）可显著降低北美刺茄根的发生量。氨氯吡啶酸和草甘膦在其开花后或结实期对其有良好的控制效果；使用麦草畏与氨氯吡啶酸进行土壤中层处理对北美刺茄也有理想的防治效果。但是，在花生田，上述除草剂会对花生结实造成不利影响。在北美刺茄花期前使用2,4-滴丁酸钠盐可溶液剂，对北美刺茄的结实的抑制率可达到80%~90%，且对花生无害。在温室里，苗后处理最有效的除草剂是草甘膦。

（2）农业防控：通过不断地、严密地刈割，同时挖出的地下根茎要彻底晒干以免再次滋生蔓延；或在开花前用锄头分散其植株，以防止其种子的产生。

50. 曼陀罗

【拉　丁　名】*Datura stramonium* L.
【别　　　名】土木特张姑、沙斯哈我那、赛斯哈塔肯、醉心花、闹羊花、野麻子、万桃花、狗核桃、枫茄花
【分类地位】茄科曼陀罗属
【分布范围】原产墨西哥。我国各省份均有分布。
【入侵中国的最早记载】《本草纲目》（1590年）记载。最早于1982年在河南采集到标本。
【形态及生物学特征】

草本或亚灌木状；高达1.5 m，植株无毛或幼嫩部分被短柔

毛；叶宽卵淡绿色，上部白或淡紫色，冠檐径形，长8~17 cm，先端渐尖，基部不对称楔形，具不规则波状浅裂，裂片3~5 cm，裂片具短尖头；雄蓝内藏，先端尖，有时具波状牙齿，侧脉3~5对；叶柄长3~5.5 cm。

花直立，花梗长0.5~1.2 cm；萼筒长3~5 cm，具5棱，基部稍肿大，裂片三角形，花后自近基部断裂，宿存部分增大并反折；

花冠漏斗状，长6~10 cm，下部淡绿色，上部白或淡紫色，冠檐径3~5 cm，裂片具短尖头；雄蕊内藏，花丝长约3 cm，花药长约4 mm；花子房密被柔针毛；蒴果直立，卵圆形，长3~4.5 cm，被坚硬针刺或无刺，淡黄色，规则4瓣裂；种子卵圆形，稍扁，长约4 mm；黑色。花期6—10月，果期7—11月。

【繁殖方式】曼陀罗主要为种子繁殖。

【扩散途径】作为观赏植物或药用植物引入，首先在沿海地区种植，再传播到内地。

【危害生境】曼陀罗适应性较强，喜温暖、湿润、向阳环境，怕涝，对土壤要求不甚严格。常生于路旁、宅旁等土壤肥沃、疏松处。

【主要危害】曼陀罗全草有毒，以果实特别是种子毒性最大，嫩叶次之，干叶的毒性比鲜叶小。曼陀罗中毒，一般在食后30分钟，最快20分钟出现症状，最迟不超过3小时，症状多在24小时内消失或基本消失，严重者在24小时后进入昏睡、痉挛、紫绀，最后昏迷死亡。

【防控措施】

（1）物理防控：加强检验检疫和人工拔除力度。

（2）加强宣传教育：对基层工作人员进行曼陀罗识别特征和防治方法的培训，向群众宣传和普及有关曼陀罗的相关知识，居住地常接触曼陀罗人群应主动了解其药理作用、毒性以及危害性。

（3）加强干扰生境监管：加强外来入侵植物监测工作，早发现，早预警，早清除。

51. 毛曼陀罗

【拉　丁　名】*Datura innoxia* Mill.
【别　　　名】凤茄花、串筋花
【分类地位】茄科曼陀罗属
【分布范围】原产美国、墨西哥，我国河北、北京、河南、山东、江苏、甘肃、辽宁、新疆、上海、湖北有分布。
【入侵中国的最早记载】1905年在北京市海淀区玉泉山采集到标本。
【形态及生物学特征】

一年生直立草本或半灌木状，高1～2 m，全体密被细腺毛和短柔毛。茎粗壮，下部灰白色，分枝灰绿色或微带紫色。叶片广卵形，长10～18 cm，宽4～15 cm，顶端急尖，基部不对称近圆形，全缘而微波状或有不规则的疏齿，侧脉每边7～10条。

花单生于枝杈间或叶腋，直立或斜升；花梗长1～2 cm，初直立，花萎谢后渐转向下弓曲。花萼圆筒状而不具棱角，长8～10 cm，直径2～3 cm，向下渐稍膨大，5裂，裂片狭三角形，有时不等大，长1～2 cm，花后宿存部分随果实增大而渐大呈五角形，果时向外反折；花冠长漏斗状，长15～20 cm，檐部直径7～10 cm，下半部带淡绿色，上部白色，花开放后呈喇叭状，边缘有10尖头；花丝长约5.5 cm，花药长1~1.5 cm；子房密生白色柔针毛，花柱长13~17 cm。蒴果俯垂，近球状或卵球状，直径3~4 cm，密生细针刺，针刺有韧曲性，全果也密生白色柔毛，成熟后淡褐色，由近顶端不规则开裂。种子扁肾形，褐色，长约5 mm，宽3 mm。花果期6—9月。

【繁殖方式】种子繁殖。

【扩散途径】主要靠鸟类食用其种子的方式向各地传播，或作为观赏花卉引种。

【危害生境】常生于路旁、宅旁等土壤肥沃、疏松处。

【主要危害】主要危害农田、果园、苗圃等。叶、花、种子含生物碱如莨菪碱和东莨菪碱，对人畜、鱼类、家禽、鸟类有强烈的毒性。

【防控措施】

（1）加强检验检疫：严格监管作为观赏植物引种栽培。检疫部门应加强对货物、运输工具等携带毛曼陀罗子实的监控。

（2）物理防控：在花果期之前进行人工拔除或机械清除。

（3）化学防控：可利用草甘膦等除草剂。

52. 洋金花

【拉丁名】*Datura metel* L.

【别　　名】枫茄花、枫茄子、闹羊花、喇叭花、风茄花、白花曼陀罗、白曼陀罗、风茄儿、山茄子、颠茄、大颠茄

【分类地位】茄科曼陀罗属

【分布范围】原产印度。国内安徽、江苏、河北、山东、河南、山西、陕西、甘肃、青海、新疆、黑龙江、吉林、辽宁、福建、四川、重庆、云南、西藏等地均有分布。

【入侵中国的最早记载】《本草纲目》（1590年）记载。最早于1907年在福建采集到标本。

【形态及生物学特征】

一年生直立草木而呈半灌木状，高0.5~1.5 m，全体近无毛；茎基部稍木质化。叶卵形或广卵形，顶端渐尖，基部不对称圆形、截形或楔形，长5~20 cm，宽4~15 cm，边缘有不规则的短齿或浅裂，或者全缘而波状，侧脉每边4~6条；叶柄长2~5 cm。

花单生于枝杈间或叶腋，花梗长约1 cm。花萼筒状，长4～9 cm，直径2 cm，裂片狭三角形或披针形，果时宿存部分增大成浅盘状；花冠长漏斗状，长14～20 cm，檐部直径6～10 cm，筒中部之下较细，向上扩大呈喇叭状，裂片顶端有小尖头，白色、黄色或浅紫色，单瓣、在栽培类型中有2重瓣或3重瓣；雄蕊5，在重

四 茄 科

瓣类型中常变态成15枚左右，花药长约1.2 cm；子房疏生短刺毛，花柱长11~16 cm。蒴果近球状或扁球状，疏生粗短刺，直径约3 cm，不规则4瓣裂。种子淡褐色，宽约3 mm。花果期3—12月。

【繁殖方式】洋金花一般以种子繁殖或扦插繁殖。

【扩散途径】人工引种。

【危害生境】洋金花喜温暖湿润气候，阳光充足之地，要求土层疏松肥沃、排水良好的沙质壤土。生于荒地、旱地、宅旁、向阳山坡、林缘、草地。常生于向阳的山坡草地或住宅旁。

【主要危害】洋金花全株都含有较高毒性的生物碱，对人畜健康有一定的危害。其毒性最强的部分是花朵和种子。一旦误食花瓣（1~30 g）、种子（2~30粒）或果实（1~10枚），会出现中毒症状。轻度中毒症状包括皮肤发热发红、口干舌燥、头晕耳鸣、结膜充血和意识模糊等。严重中毒可能表现为心跳过速、抽搐、呼吸加深，甚至导致呼吸衰竭，危及生命。此外，洋金花也对棉花、豆类、薯类和蔬菜等农作物有一定的危害。它的生长速度快，如果不及时控制，很容易在田间、菜园等地形成茂盛的群落，抢夺养分，降低农作物的生长和产量，给农民带来经济损失。

【防控措施】

（1）物理防控：加强检验检疫，严禁引种。

（2）化学防控：选用乙氧氟草醚除草剂。

（3）加强宣传教育：对基层工作人员进行洋金花识别特征和防治方法的培训，向群众宣传和普及有关洋金花的相关知识，居住地常接触洋金花人群应主动了解其药理作用、毒性以及危害性。同时加强对洋金花的管理和控制，严禁居民在自家庭院或房前屋后私自种植洋金花，保障公众安全。

大戟科

华北平原主要农业外来入侵植物图鉴与防控

53. 斑地锦草

【拉 丁 名】*Euphorbia maculata* L.

【别　　名】大地锦、美洲地锦、紫斑地锦、紫叶地锦

【分类地位】大戟科大戟属

【分布范围】原产北美洲，现广泛分布于欧亚大陆。我国分布于安徽、河北、北京、天津、山东、河南、江苏、上海、辽宁、浙江、江西、湖北、广西、重庆、贵州。

【入侵中国的最早记载】最早于1933年在江苏采集到该物种标本。

【形态及生物学特征】

　　一年生草本；根纤细，长4～7 cm，直径约2 mm；茎匍匐，长10～17 cm，直径约1 mm，被白色疏柔毛；叶对生，长椭圆形至肾状长圆形，长6～12 mm，宽2～4 mm，先端钝，基部偏斜，不对称，略呈渐圆形，边缘中部以下全缘，中部以上常具细小疏锯齿；叶面绿色，中部常具有一个长圆形的紫色斑点，叶背淡绿色或灰绿色，新鲜时可见紫色斑，两面无毛。

叶柄极短，长约1 mm；托叶钻状，不分裂，边缘具睫毛；花序单生于叶腋，基部具短柄，柄长1～2 mm；总苞狭杯状，高0.7～1.0 mm，直径约0.5 mm，外部具白色疏柔毛，边缘5裂，裂片

三角状圆形；腺体4，黄绿色，横椭圆形，边缘具白色附属物；蒴果三角状卵形，长约2 mm，直径约2 mm，被稀疏柔毛，成熟时易分裂为3个分果爿；花果期4—9月；种子卵状四棱形，长约1 mm，直径约0.7 mm，灰色或灰棕色，每个棱面具5个横沟，无种阜。

【繁殖方式】斑地锦草主要为种子繁殖。

【扩散途径】无意引进，引种或人类活动带入。随农作物引种、草皮销售等人类活动扩散。

【危害生境】生于农田、山野、路边和园圃内，平原或低山坡的路旁湿地。

【主要危害】在中国为玉米、棉花、花生、甘薯等旱作物田间杂草，还常见于苗圃和草坪中，特别是对草坪的危害较大，若不及时拔除，容易蔓延。全株有毒。

【防控措施】

（1）化学防控：在农田中可用乙草胺、二甲戊灵和噁草酮等防除；草坪上还可以用2甲4氯、麦草畏、吡嘧磺隆等防除。

（2）农业防控：在早春出苗较早，采用机械耕作对其幼苗具有较好的防除效果。对于已经长成的植株，可以通过人工刈割进行控制。在人工防除的同时还应切实加强植被保护，防止滥毁原生植被。在裸地和间隙裸地、路边和宅旁等应及时复植草坪、林木和花卉等有经济价值或生态价值的本土植被，根据植物群落演替的规律取代外来入侵植物，防止斑地锦草乘虚而入。

54. 齿裂大戟

【拉　丁　名】*Euphorbia dentata* Michx.
【别　　　名】紫斑大戟、齿叶大戟
【分类地位】大戟科大戟属
【分布范围】原产北美洲。分布于我国北京、河北、山东、江苏、浙江、湖南、云南。
【入侵中国的最早记载】1976年在北京东北旺药用植物种植场采集到标本。

【形态及生物学特征】

　　一年生草本。根纤细，长7～10 cm，直径2～3 mm，下部多分枝。茎单一，上部多分枝，高20～50 cm，直径2～5 mm，被柔毛或无毛。叶对生，线形至卵形，多变化，长2～7 cm，宽5～20 mm，先端尖或钝，基部渐狭；边缘全缘、浅裂至波状齿裂，多变化；叶两面被毛或无毛；叶柄长3～20 mm，被柔毛或无毛；总苞叶2～3枚，与茎生叶相同；伞幅2～3，长2～4 cm；苞叶数枚，与退化叶混生。

　　花序数枚，聚伞状生于分枝顶部，基部具长1～4 mm短柄；总苞钟状，高约3 mm，直径约2 mm，边缘5裂，裂片三角形，边缘撕裂状；腺体1枚，两唇形，生于总苞侧面，淡黄褐色。雄花数枚，伸出总苞之外；雌花1枚，子房柄与总苞边缘近等长；子房球状，光滑无毛；花柱3，分离；柱头两裂。蒴果为扁球状，长约4 mm，直径约5 mm，具3个纵沟；成熟时分裂为3个分果爿。种子卵球状，长约2 mm，直径1.5～2 mm，黑色或褐黑色，表面粗糙，具不规则瘤状突起，腹面具一黑色沟纹；种阜盾状，黄色，无柄。花果期7—10月。

五大戟科

【繁殖方式】①齿裂大戟为异花传粉；②种子在适宜条件下具有在不同时间分批次发芽的特点，以防止被一次性彻底根除；③齿裂大戟植株被割草机割去顶部后仍可生存，下部叶腋会萌发出很多分支，并快速进入生殖生长期。仍能开花结果产生种子，繁殖后代，以适应经常受人类干扰的生境。

【扩散途径】通常以蒴果、种子的形式混杂于植物原粮及种子中，随调运和引种作远距离传播。也可随动物的皮毛、耕作的农具、流水等传播到新地区。

【危害生境】喜温暖潮湿，生于杂草丛、路旁及沟边。

【主要危害】齿裂大戟为多种作物地的主要杂草，有毒，其繁殖力很强，一旦入侵传播将对中国农业生产和人畜健康产生严重危害。

【防控措施】

（1）日常监控：对种群的增加和扩散趋势以及分布地周围环境的变化进行经常性监控，针对性地制订防控方案。

（2）物理防控：采用科学的除草方法。对处于开花期的齿裂大戟可进行频繁的人工拔除，这样可以使齿裂大戟无法结出种子；对于已经产生种子的植株，拔除时应避免种子散发出去，进行深埋或集中销毁处理。

（3）加强宣传教育：向小区的居民和植物园的工作人员宣传齿裂大戟可能造成的危害，发动植物园工作人员对这种植物进行连续多年的人工清除。

（4）综合防控：除采取人工拔除、机械铲除等措施相结合进行治理外，还要花大力气恢复植被，根除其适宜生长的环境，有效遏制其快速扩散。

55. 匍匐大戟

【拉　丁　名】*Euphorbia prostrata* Aiton

【别　　　名】铺地草、铺地锦

【分 类 地 位】大戟科大戟属

【分 布 范 围】原产美洲热带和亚热带，归化于旧大陆的热带和亚热带。在我国已经入侵北京、天津、河北、山东、甘肃、江苏、浙江、江西、湖南、福建、广东、广西、海南、四川、云南、澳门、香港、台湾。

【入侵中国的最早记载】最早于1921年在广东潮州采集到该物种标本。

【形态及生物学特征】

　　一年生草本；根纤细，长7~9 cm；茎匍匐状，自基部多分枝，长15~19 cm，通常呈淡红色或红色，少绿色或淡黄绿色，无毛或被少许柔毛；叶对生，椭圆形至倒卵形，长3~7（8）mm，宽2~4（5）mm，先端圆，基部偏斜，不对称，边缘全缘或具不规则的细锯齿；叶面绿色，叶背有时略呈淡红色或红色；叶柄极短或近无；托叶长三角形，易脱落。花序常单生于叶腋，少为数个簇生于小枝顶端，具2~3 mm的柄；总苞陀螺状，高约1 mm，直径近1 mm，常无毛，少被稀疏的柔毛，边缘5裂，裂片三角形或半圆形；腺体4，具极窄的白色附属物。

蒴果三棱状，长约1.5 mm，直径约1.4 mm，除果棱上被白色疏柔毛外，其他无毛；种子卵状四棱形，长约0.9 mm，直径约0.5 mm，黄色，每个棱面上有6~7个横沟；无种阜。花果期4—10月。

【繁殖方式】匍匐大戟一般繁殖方式为种子繁殖。

【扩散途径】混杂在进口粮食、油料、饲料或黏附在鞋底缝中无意带入。通过货物裹挟、鞋底缝隙黏附等人类活动传播扩散，也随水流、风等自然传播。

【危害生境】匍匐大戟喜湿、耐旱、耐贫瘠，适应性强，常生于开阔地、路旁、草坪及庭院。

【主要危害】主要危害秋熟旱作物，影响农作物马铃薯、蔬菜和果园及路边、宅旁杂草等。

【防控措施】

（1）物理防控：各种除草机械除草，以及人工割/拔除等方式。

（2）化学防控：由于经常与其他杂草混合发生，在除草剂药剂选择上尽量选择灭生性的除草剂，如草铵膦、精草铵膦、草甘膦、敌草快等。

（3）农业防控：通过种植其他良性草类作物来抑制其生长，以草控草的方式来达到防治杂草的目的，推荐豆科的植物（既能控制杂草，又能固氮增加土壤肥力），如光叶紫花苕、箭筈豌豆、白花车轴草等。

56. 通奶草

【拉　丁　名】*Euphorbia hypericifolia* L.
【别　　　名】假紫斑大戟、小飞扬草
【分 类 地 位】大戟科大戟属
【分 布 范 围】原产美洲。已经入侵我国北京、山东、河南、江苏、安徽、浙江、甘肃、湖北、江西、湖南、福建、广东、广西、海南、重庆、四川、贵州、云南、内蒙古、陕西、西藏、香港、台湾等。广布于世界热带和亚热带。
【入侵中国的最早记载】1861年在香港有分布记录。
【形态及生物学特征】

一年生草本，根纤细，长10~15 cm，直径2~3.5 mm，常不分枝，少数由末端分枝。茎直立，自基部分枝或不分枝，高15~30 cm，直径1~3 mm，无毛或被少许短柔毛。叶对生，狭长圆形或倒卵形，长1~2.5 cm，宽4~8 mm，先端钝或圆，基部圆形，通常偏斜，不对称，边缘全缘或基部以上具细锯齿，上面深绿色，下面淡绿色，有时略带紫红色，两面被稀疏的柔毛，或上面的毛早脱落；叶柄极短，长1~2 mm；托叶三角形，分离或合生。苞叶2枚，与茎生叶同形。

花序数个簇生于叶腋或枝顶，每个花序基部具纤细的柄，柄长3~5 mm；总苞陀螺状，高与直径各约1 mm或稍大；边缘5裂，裂片卵状三角形；腺体4，边缘具白色或淡粉色附属物。雄花数枚，微伸出总苞外；雌花1枚，子房柄长于总苞；子房三棱状，无毛；花柱3，分离；柱头2浅裂。蒴果三棱状，长约1.5 mm，直径约2 mm，无毛，成熟时分裂为3个分果爿。种子卵棱状，长约1.2 mm，直径约0.8 mm，每个棱面具数个皱纹，无种阜。花果期8—12月。

【繁殖方式】种子繁殖和扦插繁殖。

【扩散途径】混杂在进口粮食、油料、饲料无意带入。通过货物裹挟，随交通运输而无意扩散。

【危害生境】生于旷野荒地，路旁，灌丛及田间。

【主要危害】危害大豆、甘蔗和棉花等秋熟旱作物田以及果园、茶园及草坪。

【防控措施】

（1）物理防控：花果期前可采用机械或人工防除。

（2）化学防控：在秋熟旱作物田可以用氨氟乐灵和噁草酮处理加以控制。大豆田还可以使用氟磺胺草醚、三氟羧草醚等茎叶处理。

57. 蓖麻

【拉丁名】*Ricinus communis* L.

【分类地位】大戟科蓖麻属

【分布范围】原产埃及、埃塞俄比亚和印度。我国各地均有栽培，逸为野生，主要分布区域包括华北、华南、西南、东北、西北和华东等地区。

【入侵中国的最早记载】蓖麻传入中国的时间可以追溯到西晋时期。根据文献记载，蓖麻是由来华僧人经丝绸之路从印度传入中国的，最早可能在南方地区种植，后逐渐向北方扩展。

【形态及生物学特征】

一年生粗壮草本或草质灌木，高达5 m；小枝、叶和花序通常被白霜，茎多液汁。叶轮廓近圆形，长和宽达40 cm或更大，掌状7～11裂，裂缺几达中部，裂片卵状长圆形或披针形，顶端急尖或渐尖，边缘具锯齿；掌状脉7～11条。网脉明显；叶柄粗壮，中空，长可达40 cm，顶端具2枚盘状腺体，基部具盘状腺体；托叶长三角形，长2～3 cm，早落。总状花序或圆锥花序，长15～30 cm或更长；苞片阔三角形，膜质，早落；雄花：花萼裂片卵状三角形，长7～10 mm；雄蕊束众多；雌花：萼片卵状披针形，长5～8 mm，凋落；子房卵状，直径约5 mm，密生软刺或无刺，花柱红色，长约4 mm，顶部2裂，密生乳头状突起。蒴果卵球形或近球形，长1.5～2.5 cm，果皮具软刺或平滑；种子椭圆形，微扁平，长8～18 mm，平滑，斑纹淡褐色或灰白色；种阜大。花期几全年或6—9月（栽培）。

【繁殖方式】主要通过种子繁殖，蓖麻的种子具有较高的发芽率。

【扩散途径】主要包括自然扩散和人为传播2种方式。蓖麻种子外表有一层坚硬厚实的种皮保护，可借助水流、风力进行远距离扩散。此外蓖麻作为一种重要的油料作物，在全球范围内进行贸易并广泛种植，进一步促进了其扩散，尤其是在华北和东北地区，导致其分布范围不断扩大。

【危害生境】主要生长在海拔20～500 m（云南海拔2 300 m）的村旁、疏林、荒地或河流两岸冲积地。

【主要危害】蓖麻生命力极强，耐高温、耐旱，适应各种土质条件，甚至在受到重金属污染的土地上也能生长。其生长速度快，枝叶硕大，容易遮挡旁边植物的光照，影响其他植物的生存，破坏当地生态平衡，其强大的根系和繁殖能力使其难以根除。在南方，多年生的蓖麻是多种病虫害的寄主，为害虫越冬创造了有利条件。另外，蓖麻种子含有蓖麻毒蛋白及蓖麻碱，误食可造成中毒甚至死亡。

【防控措施】

（1）物理防控：在蓖麻幼苗期，可以通过人工拔除的方式将其根除，这种方法简单易行，但需要大量人力，适用于小面积的防治。或者在蓖麻生长的土壤上覆盖一层塑料薄膜或稻草等，以阻止其生长，这种方法可以有效阻止蓖麻的光合作用，从而抑制其生长。

（2）化学防控：针对蓖麻田的除草，可以选择一些广谱除草剂，如草甘膦等，这些除草剂可以有效控制杂草的生长，减少对蓖麻的竞争。使用时应按照说明书正确配比和使用，避免对环境造成污染。

（3）生物防控：可以引入蓖麻的天敌昆虫或病原微生物，通过生物间的相互作用来控制蓖麻的生长。或利用植物竞争，种植与蓖麻竞争性强的植物，如豆类、蔬菜等，通过竞争光照、水分和养分来抑制蓖麻的生长。

六

旋 花 科

华北平原主要农业外来入侵植物图鉴与防控

六　旋　花　科

58. 原野菟丝子

【拉　丁　名】*Cuscuta campestris* Yunck.
【别　　　名】野地菟丝子、田野菟丝子
【分类地位】旋花科菟丝子属
【分布范围】原产非洲。国内已在山东、新疆、福建、广东、广西、台湾等地有分布。
【入侵中国的最早记载】最早于1958年在新疆托克逊先锋公社采集到该物种标本，之后陆续在台湾、福建、广东有标本记录。
【形态及生物学特征】

　　一年生寄生草本，根成为吸器侵入寄主，无叶，茎丝状，黄色至橙色，直径0.5～0.8 mm，光滑无毛，缠绕于寄主，与寄主茎接触膨大部分的直径可达1 mm或更粗，表面密生小瘤状突起。花序侧生，4～25朵花聚集成团伞状花序，无总花序梗；花萼杯状，裂片5，近圆形，宽过于长；花冠钟状，白色，裂片5，长约2.5 mm，宽三角形，顶端稍钝，有时向外反折；雄蕊5枚，着生于花冠裂片弯口下方，比花冠裂片稍短；鳞片大，长圆形，伸展至花冠中部稍上方，边缘呈不规则的长流苏状；子房扁球形，柱头2，偶3，柱头头状。

　　果实为蒴果，扁球形。种子包于宿存花冠内，1～4粒。种子阔椭圆形或椭圆状球形，近似于三面体，黄褐至黄棕色，长约1.4 mm，宽约1.1 mm。花期和果期很长，9月至翌年1月开花结果。
【繁殖方式】原野菟丝子主要以种子繁殖，在自然条件下，种子萌发与寄主植物的生长具有同步节律性。
【扩散途径】原野菟丝子以种子为主要的传播方式。其种子混杂在商品粮以及种子或饲料中进行远距离传播，蔓延繁殖。

【危害生境】在新疆分布于平原荒漠、荒漠草地及典型草地中；在福建、广东分布于农田、荒地。

【主要危害】原野菟丝子是茎叶寄生性杂草，借助吸器固着寄主，吸收寄主的养料和水分，同时给寄主的输导组织造成机械性障碍。还可与寄主争夺阳光，致使寄主生长不良，降低产量与品质，甚至

六 旋 花 科

成片死亡。可寄生并危害大豆、香豆、菜豆、丝瓜、空心菜、白菜、韭菜、洋葱、葱、辣椒、茄子、番茄以及柑橘等作物以及榕树的嫩枝上；也可寄生在三叶草属的白车轴草、红车轴草、紫苜蓿、小苜蓿等牧草上；还可寄生在鸡眼草、艾蒿、黄花蒿、一年蓬、鬼针草、三叶鬼针草、鳢肠、马齿苋、马唐、稗、蟋蟀草、刺苋等田间杂草上。此外，原野菟丝子为农作物病虫害提供中间寄主，助长病虫害的发生。

【防控措施】

（1）严格检疫：防止原野菟丝子杂草种子、断茎等随苗木调运等传入新地区，加强检疫是重要的工作内容。根据菟丝子种子的大小和混杂的作物种子大小，选用适当目的筛子，彻底筛出检疫对象，确保检疫工作顺利开展。

（2）物理防控：低矮灌木、草坪上的菟丝子，可以在开花前进行人工铲除，收集人工铲除的原野菟丝子，经暴晒后深埋。春末夏初，常检查苗木和花卉，一旦发现菟丝子幼苗，及时拔除烧毁深埋。每年5—10月，结合修剪，剪除有菟丝子寄生的枝条，或将藤茎拔除干净。受害严重的地块，每年深翻，种子埋于3 cm以下不易出土萌发（也可采用封闭式除草剂进行防控）。春末夏初，发现原野菟丝子连同杂草及寄主受害部位一起消除并销毁，清除受害的萌蘖枝条和野生植物。

（3）化学防控：上年发生田野菟丝子危害的田块，在播种作物前2～3天喷施乙草胺抑制萌发，或在播种后2～3天喷施仲丁灵，阻止其缠绕到寄主。

（4）生物防控：利用炭疽病菌、菟丝子盘长孢菌等微生物抑制其生长；或释放菟丝子叶甲等昆虫，控制其种群数量。

59. 变色牵牛

【拉　丁　名】*Ipomoea indica*（Burm.）Merr.

【别　　　名】长梗牵牛、西印度番薯、蓝牵牛花、海蓝牵牛花、蓝黎明花

【分类地位】旋花科番薯属

【分布范围】原产南美洲，现作为栽培品种，在全国各地皆有种植。

【入侵中国的最早记载】1942年11月3日采自台湾台南。

【形态及生物学特征】

一年生缠绕草本。茎上被倒向的短柔毛及杂有倒向或开展的长硬毛。叶卵形或圆形，全缘或3裂，长5～15 cm，顶端渐尖或骤尖，基部心形，背面密被灰白色短而柔软贴伏的毛，叶面毛较少。

六 旋花科

花数朵聚生成伞形聚伞花序，花序梗长于叶柄，花梗短；毛被同茎；苞片线形或叶状，被开展的微硬毛；小苞片线形；萼片近等长，披针状线形，基部更密，萼片外面被贴伏的柔毛，花冠蓝紫色，以后变红紫色或红色，漏斗状，长5~8 cm。雄蕊及花柱内藏；雄蕊不等长；花丝基部被柔毛；子房无毛，柱头头状。蒴果近球形，直径0.8~1.3 cm，3瓣裂。种子卵状三棱形，长约6 mm，黑褐色或米黄色，被褐色短绒毛。花期为6—10月，通常在清晨4—5时缓慢开花，中午花儿凋谢。

【繁殖方式】变色牵牛结籽率低，以扦插和压蔓繁殖为主。

【扩散途径】牵牛花会依靠鸟类传播，其种子被鸟类吃掉排出体外，若环境适宜就会生根发芽；另依靠自身弹射散播种子，待雨水之后，便会生根发芽；还有人工引种扩散。

【危害生境】多生于路旁、宅旁，或林区。

【主要危害】适应性强，是作物地、绿化带、苗圃、庭院等的常见杂草，不但危害农作物生长，还影响园林、森林等植物的生长发育。通过攀缘覆盖，对受害植物产生郁闭作用。具有化感作用，向环境释放化感物质，抑制伴生植物生长，影响生物多样性。

六 旋 花 科

【防控措施】

（1）物理防控：在花果期前人工铲除或机械清除。

（2）化学防控：2甲4氯可使变色牵牛种子不能萌发，幼苗致死，叶片喷洒可杀灭变色牵牛成熟植株。灭草松、氯氟吡氧乙酸等化学除草剂在苗期防治效果良好。土壤处理用除草剂莠去津。

60. 圆叶牵牛

【拉　丁　名】*Ipomoea purpurea*（L.）Roth

【别　　　名】圆叶旋花、紫花牵牛

【分类地位】旋花科番薯属

【分布范围】原产南美洲，现分布于我国山东、安徽、北京、河北、河南、福建、甘肃、广东、广西、贵州、海南、湖北、湖南、吉林、江苏、江西、辽宁、内蒙古、宁夏、青海、山西、陕西、上海、四川、台湾、天津、西藏、香港、新疆、黑龙江、云南、浙江、重庆。

【入侵中国的最早记载】1890年我国已有栽培。

【形态及生物学特征】

一年生缠绕草本，茎上被倒向的短柔毛杂有倒向或开展的长硬毛。叶圆心形或宽卵状心形，长4～18 cm，宽3.5～16.5 cm，基部圆，心形，顶端锐尖、骤尖或渐尖，通常全缘，偶有3裂，两面疏或密被刚伏毛；叶柄长2～12 cm，毛被与茎同。花腋生，单一或2～5朵着生于花序梗顶端成伞形聚伞花序，花序梗比叶柄短或近等长，长4～12 cm，毛被与茎相同；苞片线形，长6～7 mm，被开展的长硬毛；花梗长1.2～1.5 cm，被倒向短柔毛及长硬毛；萼片近等长，长1.1～1.6 cm，外面3片长椭圆形，渐尖，内面2片线状披针形，外面均被开展的硬毛，基部更密。

花冠漏斗状，长4~6 cm，紫红色、红色或白色，花冠管通常白色，瓣中带于内面色深，外面色淡；雄蕊与花柱内藏；雄蕊不等长，花丝基部被柔毛；子房无毛，3室，每室2胚珠，柱头头状；花盘环状。蒴果近球形，直径9~10 mm，3瓣裂。种子卵状三棱形，长约5 mm，黑褐色或米黄色，被极短的糠秕状毛。

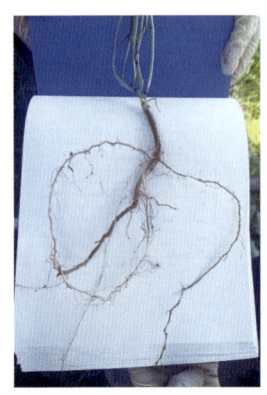

【繁殖方式】圆叶牵牛以播种繁殖为主。

【扩散途径】牵牛花的种子通常是通过动物传播的。当牵牛花结出成熟的种子时，种子会在种荚中逐渐成熟，最终爆裂开来，将种子散射出去。此外,风力也是传播牵牛花种子的重要途径之一。特别是在没有动物活动的地方,风力成为牵牛花种子传播的主要方式。

【危害生境】圆叶牵牛性喜温暖、湿润、阳光充足的环境。多生于田边、路旁、河谷、平原、山谷、旱田、果园及苗圃杂草。

【主要危害】可缠绕和覆盖其他植物,导致后者生长不良。

【防控措施】

(1)物理防控:可在幼苗期人工铲除,也可在结果前刈割灭除。

(2)化学防控:2甲4氯可使圆叶牵牛种子不能萌发,幼苗致死,叶片喷洒可杀灭圆叶牵牛成熟植株。

61. 三裂叶薯

【拉 丁 名】*Ipomoea triloba* L.

【别　　名】小花假番薯、红花野牵牛

【分类地位】旋花科番薯属

【分布范围】原产热带美洲。我国现分布于辽宁、陕西、山东、安徽、江苏、上海、浙江、湖南、云南、福建、台湾、广东、广西、香港、澳门。

【入侵中国的最早记载】20世纪70年代左右引入台湾。最早于1921年在澳门采集到该物种标本。此后，在广东、香港、台湾、浙江、福建等地有记录。

【形态及生物学特征】

草本；茎缠绕或有时平卧，无毛或散生毛，且主要在节上。叶宽卵形至圆形，长2.5~7 cm，宽2~6 cm，全缘或有粗齿或深3裂，基部心形，两面无毛或散生疏柔毛；叶柄长2.5~6 cm，无毛或有时有小疣。

花序腋生，花序梗短于或长于叶柄，长2.5~5.5 cm，较叶柄粗壮，无毛，明显有棱角，顶端具小疣，1朵花或少花至数朵花成伞形状聚伞花序；花梗多少具棱，有小瘤突，无毛，长5~7 mm；苞片小，披针状长圆形；萼片近相等或稍不等，长5~8 mm，外萼片稍短或近等长，长圆形，钝或锐尖，具小短尖头，背部散生疏柔

毛，边缘明显有缘毛，内萼片有时稍宽，椭圆状长圆形，锐尖，具小短尖头，无毛或散生毛；花冠漏斗状，长约1.5 cm，无毛，淡红色或淡紫红色，冠檐裂片短而钝，有小短尖头；雄蕊内藏，花丝基部有毛；子房有毛。蒴果近球形，高5～6 mm，具花柱基形成的细尖，被细刚毛，2室，4瓣裂。种子4或较少，长3.5 mm，无毛。

【繁殖方式】三裂叶薯多为种子繁殖。

【扩散途径】经交通工具、旅行等传播。

【危害生境】生于田边、路旁、沟旁、宅院、果园、山坡、苗圃等各种生境。

【主要危害】匍匐或攀缘茎容易形成单优势群落而危害到作物及本地种的生长。

【防控措施】

（1）物理防控：加强检验检疫和人工拔除力度。

（2）化学防控：荒地可以草甘膦等防治。禾本科作物地可以2甲4氯、氯氟吡氧乙酸防除。

（3）严禁引种，加强检疫：严禁擅自引进、释放或者丢弃外来物种。县级以上农业农村主管部门要加强跨区域调运农作物和林草种子的检疫监管，防止外来入侵物种扩散传播。

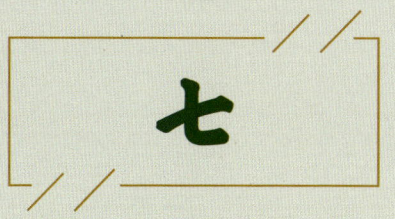

豆 科

华北平原主要农业外来入侵植物图鉴与防控

62. 钝叶决明

【拉　丁　名】*Senna obtusifolia*（L.）H. S. Irwin & Barneby
【别　　　名】草决明
【分类地位】豆科决明属
【分布范围】原产北美洲东南部，分布于北京、山东、福建、湖北、江苏、浙江、河北。
【入侵中国的最早记载】1983年引种。
【形态及生物学特征】

一年生草本，直立、粗壮，高1~2 m。叶长4~8 cm；叶柄上无腺体；叶轴上每对小叶间有棒状的腺体1枚；小叶3对，膜质，倒卵形或倒卵状长椭圆形，长2~6 cm，宽1.5~2.5 cm，顶端圆钝而有小尖头，基部渐狭，偏斜，上面被稀疏柔毛，下面被柔毛；小叶柄长1.5~2 mm；托叶线状，被柔毛，早落。

花腋生，通常2朵聚生；总花梗长6~10 mm；花梗长1~1.5 cm，丝状；萼片稍不等大，卵形或卵状长圆形，膜质，外面被柔毛，长约8 mm；花瓣黄色，下面二片略长，长12~15 mm，宽5~7 mm；能育雄蕊7枚，花药四方形，顶孔开裂，长约4 mm，花丝短于花药；子房无柄，被白色柔毛。荚果纤细，近四棱形，两端渐尖，长达15 cm，宽3~4 mm，膜质；种子约25颗，菱形，光亮。

【繁殖方式】种子繁殖。
【扩散途径】人工引种扩散。
【危害生境】村边、路旁和旷野等处。
【主要危害】具有较强的竞争力，排挤入侵地物种，危害入侵地生态系统。

七 豆 科

【防控措施】

（1）物理防控：人工拔除或机械清除。

（2）化学防控：用2甲4氯、草甘膦等除草剂防除。

63.含羞草

【拉　丁　名】*Mimosa pudica* L.
【别　　　名】感应草、知羞草、呼喝草、怕丑草、见笑草、夫妻草、害羞草
【分类地位】豆科含羞草属
【分布范围】原产热带美洲，现广泛分布于河南、河北、江苏、安徽、黑龙江、浙江、江西、福建、广东、广西、海南、四川、云南、陕西、台湾、澳门、香港、重庆等地。
【入侵中国的最早记载】明末作为观赏植物引入华南地区。最早于1907年在广东采集到标本。
【形态及生物学特征】

　　披散、亚灌木状草本，高可达1 m；茎圆柱状，具分枝，有散生、下弯的钩刺及倒生刺毛。托叶披针形，长5~10 mm，有刚毛。羽片和小叶触之即闭合而下垂；羽片通常2对，指状排列于总叶柄之顶端，长3~8 cm；小叶10~20对，线状长圆形，长8~13 mm，宽1.5~2.5 mm，先端急尖，边缘具刚毛。头状花序圆球形，直径约1 cm，具长总花梗，单生或2~3个生于叶腋；花小，淡红色，多数；苞片线形；花萼极小；花冠钟状，裂片4，外面被短柔毛；雄蕊4枚，伸出于花冠之外；子房有短柄，无毛；胚珠3~4颗，花柱丝状，柱头小。荚果长圆形，长1~2 cm，宽约5 mm，扁平，稍弯曲，荚缘波状，具刺毛，成熟时荚节脱落，荚缘宿存；种子卵形，长3.5 mm。花期3—10月，果期5—11月。
【繁殖方式】含羞草有种子繁殖和营养繁殖2种繁殖模式，繁殖体数量大，传播范围广，生长迅速，繁殖能力强，能够在较短时间内形成单优群落。

七　豆　科

【扩散途径】随引种栽培逸为野生并蔓延。

【危害生境】生于海拔20～200 m的旷野荒地、灌木丛中，长江流域常有栽培供观赏。含羞草喜温暖湿润、阳光充足的环境，适生于排水良好，富含有机质的沙质壤土，株体健壮，生长迅速，适应性较强。

【主要危害】含羞草繁殖能力强，排挤当地物种，再生能力很强，生长迅速，种子可在较广的温度范围内发芽。

【防控措施】

（1）物理防控：可以手工剪除含羞草的茎叶，以阻止其生长和繁殖。当含羞草生长到一定程度时，主要是在秋季和冬季，进行修剪非常有效。修剪后的残余部分可以通过焚烧或埋在土壤中，以避免其再次生长。此外，在修剪后，可以用覆盖物（如塑料布）覆盖地面，以防止新的含羞草生长。

（2）化学防控：草甘膦是一种常见的除草剂，对含羞草具有杀伤性。在含羞草生长最为旺盛的季节进行喷洒，能够取得良好的防治效果。

（3）农业防控：使用有机肥料增加土壤肥力可以改善土壤质量，减少含羞草的生长。

（4）生物防控：有一些昆虫，如斑缘潜蝇和土潜蛆可以以含羞草作为寄主，通过对含羞草的各个阶段进行干扰，阻止其生长和繁殖。

（5）对含羞草的分布进行全国普查：了解其分布区域和危害程度，组织相关部门进行有计划地控制、防治和根除，遏制其向更大范围扩散。

（6）加大宣传力度：广泛向民众宣传含羞草的危害性，宣传恢复本地物种，增强民众防止外来物种入侵、保护生态环境的意识，避免进一步人为地扩大传播，增强抵御外来植物入侵的能力。

（7）增进国内外合作交流：借鉴国外的治理经验，制定更加合理、有效的防御和控制体系。加强检疫、农业、林业、科研院所等各个部门的合作，提高防御能力和防控技术。

（8）综合利用与治理相结合：在进行治理的过程中，加强对含羞草的开发和利用，可以减轻其对生态环境带来的危害。利用其经济价值造福民众，是一种合理高效的防治方法。

64. 白车轴草

【拉丁名】*Trifolium repens* L.
【别　　名】白花苜蓿、白花三叶草、白三叶、白三叶草、白轴草
【分类地位】豆科车轴草属
【分布范围】原产欧洲，在我国分布于北京、河北、山东、河南、黑龙江、吉林、辽宁、内蒙古、江西、陕西、山西、江苏、安徽、上海、浙江、湖北、湖南、广东、广西、贵州、重庆、四川、云南、甘肃、宁夏、青海、新疆。
【入侵中国的最早记载】20世纪20年代引种到我国。
【形态及生物学特征】

多年生草本，高10～30 cm。主根短，侧根和须根发达。茎匍匐蔓生，上部稍上升，节上生根，全株无毛。掌状三出复叶；托叶卵状披针形，膜质，基部抱茎成鞘状，离生部分锐尖；小叶倒卵形至近圆形，先端凹头至钝圆，基部楔形渐窄至小叶柄，中脉在下面隆起，侧脉约13对，与中脉作50°展开，两面均隆起，近叶边分叉并伸达锯齿齿尖；小叶柄长1.5 mm，微被柔毛。

花序球形，顶生，直径15～40 mm；总花梗甚长，比叶柄长近1倍，密集；无总苞；苞片披针形，膜质，锥尖；花长7～12 mm；花梗比花萼稍长或等长，开花立即下垂；萼钟形，具脉纹10条，萼齿5，披针形，稍不等长，短于萼筒，萼喉开张，无毛；花冠白色、乳黄色或淡红色。荚果长圆形；种子通常3粒。种子阔卵形。花期4—6月。

【繁殖方式】有匍匐茎，能蔓延生长，又能以种子自行繁殖。

【扩散途径】作为牧草引种到各地。

【危害生境】生于农田、路边、牧场、草坪、旱作物田、果园、桑园。

【主要危害】种子易于扩散，一旦入侵农田、草地等生态系统，就会对当地的生态环境造成一定的影响。尤其对暖季型草坪危害尤为严重，常成为导致其退化的最主要因素。

【防控措施】

（1）物理防控：在开花前进行人工拔除或机械清除。或通过修建围栏、深耕翻地、覆盖物等方式，有效阻止白车轴草的种子和根系的扩散。物理阻隔需要与其他防治措施结合使用，以达到最佳的防治效果。

（2）化学防控：针对白车轴草，常用的农药有高效氟吡甲禾灵、草甘膦、苯氧羧酸酯类等。这些药物能够有效地杀死白车轴草，但考虑到药品对环境和人体健康的潜在影响，建议在使用时务必按照标准操作。

（3）生物防控：通过引入其天敌或关联物种，可以有效控制白车轴草的生长和扩散。例如，引入寄生性线虫、昆虫等天敌，控制白车轴草的繁殖和生长。此外，还可以研究白车轴草的微生物抑制剂，利用微生物的竞争和杀伤作用来控制白车轴草的种群扩增。

65. 紫穗槐

【拉　丁　名】*Amorpha fruticosa* L.
【别　　　名】椒条、棉条、棉槐、紫槐
【分类地位】豆科紫穗槐属
【分布范围】原产美国东北部和东南部。现分布于我国山东、安徽、江苏、河南、湖北、广西、四川及东北、西北部分地区。
【入侵中国的最早记载】紫穗槐于1937年开始引种到我国，现各地都有栽培。
【形态及生物学特征】

落叶灌木，丛生，高1～4 m。小枝灰褐色，被疏毛，后变无毛，嫩枝密被短柔毛。叶互生，奇数羽状复叶，长10～15 cm，有小叶11～25片，基部有线形托叶；叶柄长1～2 cm；小叶卵形或椭圆形，长1~4 cm，宽0.6~2.0 cm，先端圆形，锐尖或微凹，有一短而弯曲的尖刺，基部宽楔形或圆形，上面无毛或被疏毛，下面有白色短柔毛，具黑色腺点。穗状花序常1至数个顶生和枝端腋生，长7~15 cm，密被短柔毛；花有短梗；苞片长3~4 mm；花萼长2~3 mm，被疏毛或几无毛，萼齿三角形，较萼筒短；旗瓣心形，紫色，无翼瓣和龙骨瓣；雄蕊10，下部合生成鞘，上部分裂，包于旗瓣之中，伸出花冠外。荚果下垂，长6~10 mm，宽2~3 mm，微弯曲，顶端具小尖，棕褐色，表面有凸起的疣状腺点。花、果期5—10月。

【繁殖方式】紫穗槐繁殖方式一般为播种繁殖和分株繁殖。

【扩散途径】紫穗槐的扩散途径包括自然扩散和人为扩散2种。紫穗槐具有较强的自然扩散能力，在种子成熟后，可以通过风力、水流等自然力量传播到其他地方，从而在新的环境中生根发芽。其次，紫穗槐的扩散也受到人类活动的影响。人类在种植、移植、运输等过程中，可能会将紫穗槐的种子或植株带到新的地方，从而促进其扩散。此外，紫穗槐常被用于绿化、固堤等工程，这也为其人为传播提供了途径。

【危害生境】紫穗槐喜干冷气候，耐寒、耐旱、耐湿、耐盐碱，抗风沙、抗逆性极强，在荒山坡、道路旁、河岸、盐碱地均可生长。

七 豆 科

【主要危害】首先，紫穗槐的生长速度很快，占用大量土地资源，形成单一林层，破坏生态平衡。这种单一林层的形成会减少生物多样性，影响生态系统的稳定性和健康。其次，紫穗槐对城市环境有负面影响。其树皮和枝干表面平滑，容易吸附环境污染物，妨碍城市环境的改善。此外，紫穗槐在开花期会释放大量的花粉和花蜜，对人的呼吸系统产生不良影响，可能导致过敏反应。最后，紫穗槐对人类健康也有威胁。由于其繁殖能力强，大量繁殖会导致过敏性疾病的发生和蔓延。紫穗槐的叶子虽然可以作为中药材使用，但其花和种子具有一定的毒性，误食后可能导致过敏反应甚至食物中毒。

【防控措施】

（1）物理防治：可采用人工拔除和覆盖法进行物理防治。对于小面积的紫穗槐，可以采取人工拔除的方法，这种方法虽然费时费力，但对于保护环境较为友好，且不会对周围植物造成伤害。或者将在紫穗槐周围铺设覆盖物（如塑料膜、草席等），阻止其光合作用，从而抑制其生长。

（2）化学防治：化学方法是根除紫穗槐最有效的方法，常用的方法是喷洒除草剂或注入除草剂。可选择草甘膦、异丙威、草铵膦等除草剂，但需要严格控制除草剂的浓度和使用剂量，过度使用可能会影响该地区其他植物的生长。

十字花科

华北平原主要农业外来入侵植物图鉴与防控

66. 弯曲碎米荠

【拉　丁　名】*Cardamine flexuosa* With.

【别　　　名】高山碎米荠、卵叶弯曲碎米荠、柔弯曲碎米荠、峨眉碎米荠

【分 类 地 位】十字花科碎米荠属

【分 布 范 围】弯曲碎米荠模式标本采自欧洲。在中国各地广为分布，山东、河南、江苏、辽宁、浙江、江西、福建、台湾、广东、香港、澳门、广西、湖南、湖北、贵州、云南、西藏、四川、陕西和甘肃有归化。

【入侵中国的最早记载】19世纪中叶发现于河北和山东。

【形态及生物学特征】

十字花科碎米荠属的一年或二年生草本。高达30 cm。茎自基部多分枝，斜升呈铺散状，表面疏生柔毛。基生叶有叶柄，小叶3~7对，顶生小叶卵形，倒卵形或长圆形，长与宽各为2~5 mm、顶端3齿裂，基部宽楔形，有小叶柄，侧生小叶卵形，较顶生的形小，1~3齿裂，有小叶柄；茎生叶有小叶3~5对，小叶多为长卵形或线形，1~3裂或全缘，小叶柄有或无，全部小叶近于无毛。

总状花序多数，生于枝顶，花小，花梗纤细，长2~4 mm；萼片长椭圆形，长约2.5 mm，边缘膜质；花瓣白色，倒卵状楔形，长约3.5 mm；花丝不扩大；雌蕊柱状，花柱极短，柱头扁球状。长角果线形，扁平，长12~20 mm，宽约1 mm，与果序轴近于平行排列，果序轴左右弯曲，果梗直立开展，长3~9 mm。种子长圆形而扁，长约1 mm，黄绿色，顶端有极窄的翅。花期3—5月，果期4—6月。

【繁殖方式】弯曲碎米荠主要繁殖方式为种子繁殖。

【扩散途径】可随种子进行自然传播。

【危害生境】弯曲碎米荠喜湿润的环境,耐寒性较强。常生于田埂、渠岸、河边、山谷等水分充足的土壤上或浅水中。

【主要危害】危害夏季收割的作物,在农田中作为杂草出现。

八　十字花科

【防控措施】

（1）物理防控：①人工防除：尽量勿使杂草种子或繁殖器官进入作物田，清除地边、路旁的杂草，严格杂草检疫制度，精选播种材料，严格禁止输入或严加控制，防止扩散，以减少田间杂草来源；②机械防治：结合农事活动，利用农机具或大型农业机械进行各种耕翻、耙、中耕松土等措施进行播种前、出苗前及各生育期等不同时期除草，直接杀死、刈割或铲除弯曲碎米荠。

（2）化学防控：用噁草酮、麦草畏等除草剂防治。

（3）农业防控：利用覆盖、遮光等原理，用塑料薄膜覆盖或播种其他作物（或草种）等方法进行除草。

67. 北美独行菜

【拉丁名】*Lepidium virginicum* L.
【别　　名】辣椒菜、辣椒根、小白浆、星星菜
【分类地位】十字花科独行菜属
【分布范围】原产北美洲。在我国分布于山东、河南、安徽、江苏、黑龙江、吉林、辽宁、江西、浙江、福建、广东、宁夏、四川、重庆、陕西、甘肃、云南、青海、新疆、贵州、西藏。
【入侵中国的最早记载】最早于1910年在福建采集到标本。
【形态及生物学特征】

一年或二年生草本，高20～50 cm；茎单一，直立，上部分枝，具柱状腺毛。基生叶倒披针形，长1～5 cm，羽状分裂或大头羽裂，裂片大小不等，卵形或长圆形，边缘有锯齿，两面有短伏毛；叶柄长1～1.5 cm；茎生叶有短柄，倒披针形或线形，长1.5～5 cm，宽2～10 mm，顶端急尖，基部渐狭，边缘有尖锯齿或全缘。总状花序顶生；萼片椭圆形，长约1 mm；花瓣白色，倒卵形，和萼片等长或稍长；雄蕊2或4。短角果近圆形，长2～3 mm，宽1～2 mm，扁平，有窄翅，顶端微缺，花柱极短；果梗长2～3 mm。种子卵形，长约1 mm，光滑，红棕色，边缘有窄翅；子叶缘倚胚根。花期4—5月，果期6—7月。

八 十字花科

【繁殖方式】北美独行菜一般繁殖方式为种子繁殖。

【扩散途径】种子随农作活动、交通工具、人类活动等扩散。

【危害生境】通常生于海拔50 m的路旁、荒地或农田中,十分耐旱,为常见杂草。喜生于早春低温冷凉天气。

【主要危害】通过养分竞争、空间竞争和化感作用，影响作物的正常生长，造成减产。此外，北美独行菜也是棉蚜、麦蚜及甘蓝霜霉病和白菜病毒病等的中间寄主，有利于这些病虫害的越冬。

【防控措施】

（1）化学防控：常用乳氟禾草灵、莠去津、嗪草酮、溴苯腈等除草剂，幼苗时化学防治效果较好。

（2）农业防控：深翻耕地是减少农田中该种数量的有效方法之一，也可通过短时积水，降低它的生活力与竞争力。

68. 密花独行菜

【拉 丁 名】*Lepidium densiflorum* Schrad.

【分类地位】十字花科独行菜属

【分布范围】原产北美洲。我国山东、黑龙江、辽宁、江西、福建、湖南、贵州、湖北、甘肃、吉林有分布。

【入侵中国的最早记载】佐藤润平（J. Sato）于1931年6月5日在辽宁旅顺口工大附近采到，标本存于中国科学院植物研究所标本馆。

【形态及生物学特征】

一年生草本，高10～30 cm；茎单一，直立，上部分枝，具疏生柱状短柔毛。基生叶长圆形或椭圆形，长1.5～3.5 cm，宽5～10 mm，顶端急尖，基部渐狭，羽状分裂，边缘有不规则深锯齿；叶柄长5～15 mm；茎下部及中部叶长圆披针形或线形，边缘有不规则缺刻状尖锯齿，有短叶柄；茎上部叶线形，边缘疏生锯齿或近全缘，近无柄；所有叶上面无毛，下面有短柔毛。总状花序有多数密生花，果期伸长；萼片卵形，长约0.5 mm；无花瓣或花瓣退化成丝状，远短于萼片；雄蕊2。短角果圆状倒卵形，

八 十字花科

长2～2.5 mm，顶端圆钝，微缺，有翅，无毛。种子卵形，长约1.5 mm，黄褐色，有不明显窄翅。花期5—6月，果期6—7月。

【繁殖方式】种子繁殖。
【扩散途径】可能经由农作物引种或货物、旅行等裹挟无意引进到各地区。
【危害生境】生于海滨、沙地、田边、路旁。
【主要危害】具有较强的竞争力，排挤入侵地物种，危害入侵地生态系统。

【防控措施】

(1) 物理防控：人工拔除或机械清除。

(2) 化学防控：用2甲4氯、氯氟吡氧乙酸等除草剂防除。

九

其他科

华北平原主要农业外来入侵植物图鉴与防控

69. 细叶旱芹（伞形科）

【拉丁名】*Cyclospermum leptophyllum*（Pers.）Sprague ex Britton & P. Wilson

【分类地位】伞形科细叶旱芹属

【分布范围】原产欧洲，在我国河北、山东、安徽、江苏、上海、浙江、福建、广东、广西、重庆、海南有分布。

【入侵中国的最早记载】20世纪初在香港发现。

【形态及生物学特征】

一年生草本，高25～45 cm。茎多分枝，光滑。根生叶有柄，柄长2～5（11）cm，基部边缘略扩大成膜质叶鞘；叶片轮廓呈长圆形至长圆状卵形，长2～10 cm，宽2～8 cm，3至4回羽状多裂，裂片线形至丝状；茎生叶通常三出式羽状多裂，裂片线形，长10～15 mm。

复伞形花序顶生或腋生，通常无梗或少有短梗，无总苞片和小总苞片；伞辐2～3（～5），长1～2 cm，无毛；小伞形花序有花5～23，花柄不等长；无萼齿；花瓣白色、绿白色或略带粉红色，

卵圆形，长约0.8 mm，宽0.6 mm，顶端内折，有中脉1条；花丝短于花瓣，很少与花瓣同长，花药近圆形，长约0.1 mm；花柱基扁压，花柱极短。果实圆心脏形或圆卵形，长、宽约1.5～2 mm，分生果的棱5条，圆钝；胚乳腹面平直，每棱槽内有油管1，合生面油管2。心皮柄顶端2浅裂。花期5月，果期6—7月。

【繁殖方式】种子繁殖。

【扩散途径】种子混入进口农产品或种子中入境。

【危害生境】生长于田野荒地、路旁、草坪、荒地。

【主要危害】通常生长于旱作物小麦、玉米、大豆、棉花等农田中，影响作物的正常生长，还可能成为多种病菌及害虫的寄生与传染源，是农业外来入侵物种。

【防控措施】

（1）加强检验检疫：细叶旱芹主要由外来芹菜种子带入，因此对引进的芹菜种子要进行严格的检疫制度，带有细叶旱芹的外来种子严禁在贵州示范推广，同时将细叶旱芹作为引种芹菜检查的重要指标之一。

（2）物理防控：细叶旱芹以种子繁殖为主，在开花前如田间发现细叶旱芹要立即拔除，一般在每年的4月和10月进行。

（3）化学防控：可用氯氟吡氧乙酸、灭草松等除草剂防除。

70.大麻（桑科）

【拉 丁 名】*Cannabis sativa* L.

【别　　名】胡麻、线麻、山丝苗

【分类地位】桑科大麻属

【分布范围】原产不丹、印度和中亚细亚，现各国均有野生或栽培。我国各地也有栽培或沦为野生。新疆常见野生，天津、河北、河南、山东、安徽、江苏、黑龙江、吉林、辽宁、内蒙古、山西、陕西、浙江、江西、湖北、湖南、福建、广东、广西、海南、台湾、四川、重庆、贵州、云南、西藏、甘肃、宁夏、青海均有分布。

【入侵中国的最早记载】大麻最早于6 000多年前在中国大量种植，我国最早发现于新疆地区，随后沿着古代丝绸之路传播。

【形态及生物学特征】

一年生直立草本，高1~3 m，枝具纵沟槽，密生灰白色贴伏毛。叶掌状全裂，裂片披针形或线状披针形，长7~15 cm，中裂片最长，宽0.5~2 cm，先端渐尖，基部狭楔形，表面深绿，微被糙毛，背面幼时密被灰白色贴状毛后变无毛，边缘具向内弯的粗锯齿，中脉及侧脉在表面微下陷，背面隆起；叶柄长3~15 cm，密被灰白色贴伏毛；托叶线形。雄花序长达25 cm；花黄绿色，花被5，膜质，外面被细伏贴毛，雄蕊5，花丝极短，花药长圆形；小花柄长约2~4 mm；雌花绿色；花被1，紧包子房，略被小毛；子房近球形，外面包于苞片。瘦果为宿存黄褐色苞片所包，果皮坚脆，表面具细网纹。花期5—6月，果期为7月。

【繁殖方式】主要是以种子繁殖，大麻通常为雌雄异株植物，偶尔有雌雄同株，一般在上午9—12时开花，借助风进行传粉。

【扩散途径】大麻种子可以通过风力进行传播，尤其是在干旱和贫瘠的土地上。其次，通过一些动物的活动或粪便将大麻种子散布到新的环境中。另外，人为种植也会导致大麻的扩散。

【危害生境】大麻喜温暖湿润的气候，需水较多，不耐强风，常生长在山坡、农田、路边及荒地等，海拔可达2 900 m。

【主要危害】大麻被列入《中国外来入侵物种名录》4级，为一般性农田杂草。由于大麻中含有致幻物质——四氢大麻酚（THC），主要作用于神经系统，具有强烈的成瘾性和麻醉性，不法分子用此来制造兴奋剂和毒品，严重危害了人类的生存与健康，被列为世界三大毒品之一，因而被一些国家禁止种植。

【防控措施】

（1）物理防控：可以直接拔除或使用工具挖铲，将大麻植株从根部彻底清除，这种方法适用于小面积的野生大麻清除。

（2）农业防控：通过深耕翻土，破坏大麻的根系，减少其再生能力。这种方法适用于农田中的大麻防治。

（3）化学防控：可采用广谱性的除草剂对大麻进行化学防除，具有防除范围广、成本低、见效快的优点。但要注意用法和用量，避免造成环境污染。

（4）加强宣传教育：通过媒体、学校和社会组织等多种渠道，广泛宣传大麻的危害性和相关法律法规，提高公众对大麻的认识，减少大麻的滥用和传播。

71. 大花酢浆草(酢浆草科)

【拉 丁 名】*Oxalis bowiei* Lindl.
【分类地位】酢浆草科酢浆草属
【分布范围】原产南非,中国北京、江苏、陕西、新疆等地有栽培。
【形态及生物学特征】

多年生草本,高10~15 cm。根茎匍匐,具肥厚的纺锤形根茎。茎短缩不明或无茎,基部围以膜质鳞片。叶多数,基生;叶柄细弱,长7~10 cm,被柔毛,基部具关节;小叶3,宽倒卵形或倒卵圆形,长1.5~2 cm,宽2.5~3 cm,先端钝圆形、微凹,基部宽楔形,表面无毛,背面被疏柔毛。伞形花序基生或近基生,明显长于叶,具花4~10,总花梗被柔毛;苞片披针形,被柔毛;花梗不等长,长为苞片的3~4倍;萼披针形,长10~12 mm,宽

4~5 mm，边缘具睫毛；花瓣紫红色，宽倒卵形，长为萼片的2.5~3倍，先端钝圆，基部具爪；雄10，2轮，内轮长为外轮的2倍，花丝基部合生；子房被柔毛。花期5—8月，果期6—10月。

【繁殖方式】种子繁殖和地下鳞茎繁殖。

【扩散途径】作为景观植物引种，种子可以通过风、水或动物传播。

【危害生境】草丛、山坡草池、路边、田边、荒地、河谷及林下阴湿处等。

【主要危害】大花酢浆草生长速度快，繁殖能力强，很容易侵占其他植物的生长空间，破坏当地的生物多样性。

【防控措施】

（1）物理防控：在花果期前人工铲除或机械清除。

（2）化学防控：根据大花酢浆草的生长条件和土壤环境，选择适合的除草剂和杀菌剂。

（3）农业防控：将黑色塑料膜或黑色布覆盖在大花酢浆草生长的地方，遮光、阻隔水分和空气，使它无法生长。但是这种方法需要较长时间才能见效。

（4）生物防控：通过引入一些天然生物，如大花酢浆草特定的天敌爱螺虫，来控制和消灭酢浆草。这种方式比较环保，但需要一定的时间来形成完整生态环境。

72. 凤眼莲（雨久花科）

【拉　丁　名】*Eichhornia crassipes* Mart.

【别　　　名】凤眼蓝、水浮莲、水葫芦

【分类地位】雨久花科梭鱼草属

【分布范围】原产南美洲，已广泛分布于华北、华东、华中、华南和西南，尤以云南（昆明）、江苏、浙江、福建、四川、湖南、湖北、河南等省的入侵严重。

【入侵中国的最早记载】1901年作为花卉引入中国,30年代作为畜禽饲料引入我国各省份。

【形态及生物学特征】

浮水草本,高30～60 cm。须根发达,棕黑色,长达30 cm。茎极短,具长匍匐枝,匍匐枝淡绿色或带紫色,与母株分离后长成新植物。

叶在基部丛生,莲座状排列,一般5～10片;叶片圆形,宽卵形或宽菱形,长4.5～14.5 cm,宽5～14 cm,顶端钝圆或微尖,基部宽楔形或在幼时为浅心形,全缘,具弧形脉,表面深绿色,光亮,质地厚实,两边微向上卷,顶部略向下翻卷。叶柄长短不等,中部膨大成囊状或纺锤形,内有许多多边形柱状细胞组成的气室,维管束散布其间,黄绿色至绿色,光滑;叶柄基部有鞘状苞片,长8～11 cm,黄绿色,薄而半透明;凤眼莲的叶柄剖面可见密密麻麻的气室,这是它输送和储藏空气的地方。凤眼莲在水中发达的根系具有相当重量,有平衡的作用,以便水面上的植株挺立漂浮。

花葶从叶柄基部的鞘状苞片腋内伸出，长34~46 cm，多棱；穗状花序长17~20 cm，通常具9~12朵花；花被裂片6枚，花瓣状，卵形、长圆形或倒卵形，紫蓝色，花冠略两侧对称，直径4~6 cm，上方1枚裂片较大，长约3.5 cm，宽约2.4 cm，三色即四周淡紫红色，中间蓝色，在蓝色的中央有1黄色圆斑，其余各片长约3 cm，宽1.5~1.8 cm，下方1枚裂片较狭，宽1.2~1.5 cm，花被片基部合生成筒，外面近基部有腺毛；雄蕊6枚，贴生于花被筒上，3长3短，长的从花被筒喉部伸出，长1.6~2 cm，短的生于近喉部，长3~5 mm；花丝上有腺毛，长约0.5 mm，3（2~4）细胞，顶端膨大；花药箭形，基着，蓝灰色，2室，纵裂；花粉粒长卵圆形，黄色；子房上位，长梨形，长6 mm，3室，中轴胎座，胚珠多数；花柱1，长约2 cm，伸出花被筒的部分有腺毛；柱头上密生腺毛。蒴果卵形。花期7—10月，果期8—11月。

【繁殖方式】种子或分株繁殖。

【扩散途径】种子或腋芽随水漂流，或被作为观赏花卉人为传播。

【危害生境】喜欢生于浅水中，如水塘、沟渠或稻田。

【主要危害】堵塞河道，影响航运、水产品质量、旅游业等。所造成的二次污染会杀死底栖生物，威胁本地生物多样性。

九 其 他 科

【防控措施】

（1）物理防控：通过人工或机械对水葫芦进行打捞处理，见效快，但当发生面积大时，劳动强度大。人工及机械防治也难以清除水中的种子，防治效果不能持久。

（2）化学防控：方法简便，效果迅速，常用除草剂有草甘膦等进行防治。但除草剂对水体生态系统的破坏性大，污染环境，而且无法清除凤眼莲种子，效果不能持久。

（3）生物防控：利用植物与天敌间生态平衡理论，从凤眼莲原产地引进天敌，对凤眼莲实施长期的控制。生物防治环境安全，成本低，效果持久，缺点是见效慢，从释放天敌到获得显著的控制效果，一般需要3～5年甚至更长时间。

（4）综合防控：有针对性地采用上述各项防治措施，取长补短，将凤眼莲的种群数量长期控制在较低的状态下。如在河道的一侧留存凤眼莲，以使象甲种群保存，而另一侧喷施除草剂可达到综合治理的效果。直接在有象甲的凤眼莲上喷施除草剂草甘膦既可有效控制凤眼莲的生长，又可保留一定种群数量的象甲，但草甘膦用量要适宜。

73. 土人参（土人参科）

【拉　丁　名】*Talinum paniculatum*（Jacq.）Gaertn.
【别　　　名】栌兰、假人参、参草
【分类地位】土人参科土人参属
【分布范围】原产热带美洲，分布于中国河南、江苏、安徽、福建、浙江、广西、广东、四川、贵州、云南等地。
【入侵中国的最早记载】16世纪引入江苏。最早于1958年在河南采集到该物种标本。

【形态及生物学特征】

一年生或多年生草本植物，全株无毛，高30～100 cm。主根粗壮，圆锥形，有少数分枝，皮黑褐色，断面乳白色。茎直立，肉质，基部近木质，多少分枝，圆柱形，有时具槽。叶互生或近对生，具短柄或近无柄，叶片稍肉质，倒卵形或倒卵状长椭圆形，长5～10 cm，宽2.5～5 cm，顶端急尖，有时微凹，具短尖头，基部狭楔形，全缘。

圆锥花序顶生或腋生，较大形，常二叉状分枝，具长花序梗；花小，直径约6 mm；总苞片绿色或近红色，圆形，顶端圆钝，长3～4 mm；苞片2，膜质，披针形，顶端急尖，长约1 mm；花梗长5～10 mm；萼片卵形，紫红色，早落；花瓣粉红色或淡紫红色，长椭圆形、倒卵形或椭圆形，长6～12 mm，顶端圆钝，稀微凹；雄蕊（10～）15～20，比花瓣短；花柱线形，长约2 mm，基部具关节；柱头3裂，稍开展；子房卵球形，长约2 mm。蒴果近球形，直径约4 mm，3瓣裂，坚纸质；种子多数，扁圆形，直径约1 mm，黑褐色或黑色，有光泽。

【繁殖方式】断枝、断根、种子都可以繁殖。

九 其 他 科

【扩散途径】自然扩散或随动物、人类活动传播。

【危害生境】生长在田边、路边、山野林区、荒地。

【主要危害】入侵农田和苗圃，会严重影响农业生产。

【防控措施】

(1) 物理防控：人工拔除或机械清除。

(2) 化学防控：大多数除草剂对土人参都有效。

(3) 严格引种过程中的管理。

74. 大藻（天南星科）

【拉 丁 名】*Pistia stratiotes* L.

【别　　名】水白菜

【分类地位】天南星科大藻属

【分布范围】原产巴西，现广布于热带和亚热带。福建、台湾、广

九 其 他 科

东、广西、云南各省区热带地区野生,安徽、山东、江苏、浙江、湖南、湖北、四川等省都有栽培。

【入侵中国的最早记载】据《本草纲目》记载,大约明末引入我国。20世纪50年代作为猪饲料推广栽培。

【形态及生物学特征】

水生飘浮草本。有长而悬垂的根多数,须根羽状,密集;茎节间短;叶簇生成莲座状,叶片常因发育阶段不同而形异:倒三角形、倒卵形、扇形,以至倒卵状长楔形,长1.3～10 cm,宽1.5～6 cm,先端截头状或浑圆,基部厚,二面被毛,基部尤为浓密;叶脉扇状伸展,背面明显隆起成折皱状;佛焰苞白色,长0.5～1.2 cm,外被茸毛;浆果小,卵圆形,种子多数或少数,不规则断落;种子无柄,圆柱形,基部略窄,顶端近平截,中央内凹,外种皮厚,向珠孔增厚,形成珠孔的外盖,内种皮薄,向上扩大形成填充珠孔的内盖;胚乳丰富,胚小,倒卵圆形,上部具茎基。花期5—11月。

【繁殖方式】大藻既可进行有性繁殖，又可进行无性繁殖，其断枝断叶只要有一点留在水中，就能繁殖出新的植株出来。

【扩散途径】种子会通过水流传播、扩散到其他地方。

【危害生境】大藻喜高温多雨，生长在平静的淡水池塘、湖泊、沟渠中。

【主要危害】在平静的淡水池塘和沟渠中极易通过匍匐茎快速繁殖，易被水流冲离栽培场所，带到下游湖泊、水库和静水河湾，引起扩散。常因大量生长而堵塞航道，影响水产养殖业，并导致沉水植物死亡和灭绝，危害水生生态系统。

【防控措施】

（1）物理防控：采取人工或机械打捞，短时间内可迅速清除一定范围内的植株，但大面积发生时，需劳动力多；打捞残株需妥善处理，填埋或堆肥处理，否则有可能成为新的传播来源。

（2）化学防控：适当选用对水生生物、水源及其他伴生有益

九 其 他 科

植物安全的化学除草剂喷施防治大藻。

（3）生物防控：用大藻的天敌来清除它，而大藻的天敌为大藻叶象，也是一种外来物种。

（4）生境管理：在大藻发生地区，将闲置池塘、河道等以低价或无偿承包或租借给农民开发利用，减少适宜大藻滋生的生境。或采用暂时排水的方法使之脱离水源，无法生长，从而达到防除的目的。

（5）综合利用：大薸根茎柔嫩，含粗纤维少，可打浆或切碎混以糠麸喂猪，也可发酵后喂或制成青贮饲喂。

75. 垂序商陆（商陆科）

【拉　丁　名】*Phytolacca americana* L.
【别　　　名】美商陆、美洲商陆、美国商陆、洋商陆、见肿消、红籽
【分类地位】商陆科商陆属
【分布范围】原产北美洲，现世界各地引种和归化。在我国各地广泛逸生，现主要分布于北京、天津、河北、山东、河南、山西、辽宁、上海、江苏、浙江、安徽、福建、江西、湖北、湖南、广东、广西、重庆、四川、贵州、云南、陕西、甘肃、新疆、台湾、香港。
【入侵中国的最早记载】1935年在杭州采到标本。
【形态及生物学特征】

多年生草本，高达2 m。根倒圆锥形。茎圆柱形，有时带紫红色。叶椭圆状卵形或卵状披针形，长9~18 cm，先端尖，基部楔形；叶柄长1~4 cm。总状花序顶生或与叶对生，纤细，长5~20 cm，花较稀少。花梗长6~8 mm；花白色，微带红晕，径约6 mm；花被片5，雄蕊、心皮及花柱均为10，心皮连合。果序下垂，浆果扁球形，紫黑色。种子肾圆形，平滑，径约3 mm。花期6—8月，果期8—10月。

【繁殖方式】垂序商陆一般为种子繁殖或分株繁殖。
【扩散途径】种子常被食果动物特别是鸟类散播。
【危害生境】垂序商陆喜温暖湿润的气候条件，耐寒不耐涝。生长在疏林下、路旁和荒地。

九 其 他 科

233

【主要危害】垂序商陆的茎具有一定的蔓性，叶片宽阔，能覆盖其他植物体，导致其他植物生长不良甚至死亡。垂序商陆具有较为肥大的肉质直根，消耗土壤肥力，根及浆果对人和牲畜有毒害作用。

【防控措施】

（1）物理防控：主要是人工拔除，在幼苗期带根拔出，由于其具有肉质根，拔出后整株晒干，最好烧毁；对于成熟植株要在果实成熟前割除果序，防止因成熟果实被鸟类取食而蔓延，同时对于肉质根也要晒干烧毁。

（2）化学防控：常见除草剂有草甘膦等。

（3）加强宣传教育：对基层工作人员进行垂序商陆识别特征和防治方法的培训，对群众宣传和普及有关垂序商陆的相关知识，避免边防边种的现象；同时相关科研部门也要深入研究垂序商陆的生物学特征，对其生物风险性进行客观评价并研究其有效防治措施。

（4）加强干扰生境监管：加强外来入侵植物监测工作，早发现，早预警，早清除。

（5）限制引种栽培：要严格限制垂序商陆的引种栽培，做好外来引种的把关，引种人首先要拿到由当地农业部门审核、农业农村厅审批的引进许可证，取得引进资格之后，在具体引进每一批物种时要报当地农业部门审批。

76. 五叶地锦（葡萄科）

【拉　丁　名】*Parthenocissus quinquefolia*（L.）Planch.
【别　　　名】美国地锦、美国爬山虎、五叶爬山虎、爬墙虎
【分 类 地 位】葡萄科地锦属
【分 布 范 围】原产北美洲，在我国分布于华北、东北各地。
【入侵中国的最早记载】最早于1937年在黑龙江采集到该物种标本。
【形态及生物学特征】

　　葡萄科地锦属的木质藤本。小枝圆柱形，无毛。嫩芽为红或淡红色，卷须总状5～9分枝，相隔2节间断与叶对生，卷须顶端嫩时尖细卷曲，后遇附着物扩大成吸盘。由5片叶片组成掌状复叶，小叶倒卵圆形、倒卵椭圆形或外侧小叶椭圆形，长5.5～15 cm，宽3～9 cm，最宽处在上部或外侧小叶最宽处在近中部，顶端短尾尖，基部楔形或阔楔形，外侧小有粗锯齿，上面绿色，下面浅绿色，两面均无毛或下面脉上微被疏柔毛；侧脉5～7对，网脉两面均不明显突出；叶柄长5～14.5 cm，无毛，小叶有短柄或几无柄。

花序假顶生形成主轴明显的圆锥状多歧聚伞花序,长8~20 cm;花序梗长3~5 cm,无毛;花梗长1.5~2.5 mm,无毛;花蕾椭圆形,高2~3 mm,顶端圆形;萼碟形,边缘全缘,无毛;花瓣5,长椭圆形,高1.7~2.7 mm,无毛;雄蕊5,花丝长0.6~0.8 mm,花药长椭圆形,长1.2~1.8 mm;花盘不明显;子房卵锥形,渐狭至花柱,或后期花柱基部略微缩小,柱头不扩大。果实球形,直径1~1.2 cm,有种子1~4颗;种子倒卵形,顶端圆形,基部急尖成短喙,种脐在种子背面中部呈近圆形,腹部中棱脊突出,两侧洼穴呈沟状,从种子基部斜向上达种子顶端。花期6—7月,果期8—10月。

【繁殖方式】种子繁殖。
【扩散途径】作为绿化植物引种。
【危害生境】通常生长在山地、林缘或开阔草原上。
【主要危害】攀附在树木上,覆盖树木,使树木因缺少照耀生长不良或死亡;影响景观多样性。
【防控措施】
(1)物理防控:返青前修剪、

火烧，可在一定时间内降低五叶地锦的覆盖度。

（2）化学防控：使用草甘膦和甲嘧磺隆混用，可显著抑制五叶地锦的生长，50天后的抑制率为24%～38%；草甘膦和甲嘧磺隆混用可降低用药量，减轻对环境的污染，也可降低用药成本。

（3）严格控制引种栽培，特别不宜作为荒山、道路等荒野地的绿化植物，以免蔓延扩散而失控。

77. 野老鹳草（牻牛儿苗科）

【拉　丁　名】*Geranium carolinianum* L.
【别　　　名】野老鹳草
【分类地位】牻牛儿苗科老鹳草属
【分布范围】原产北美洲，在我国分布于河南、山东、安徽、江苏、陕西、上海、浙江、江西、福建、湖北、湖南、重庆、四川、贵州、云南。
【入侵中国的最早记载】最早于1918年在江苏采集到标本。
【形态及生物学特征】

一年生草本；高20～60 cm，根纤细，单一或分枝，茎直立或仰卧，单一或多数，具棱角，密被倒向短柔毛；茎直立或仰卧；基生叶早枯，茎生叶互生或最上部对生；托叶披针形或三角状披针形，长5～7 mm，宽1.5～2.5 mm，外被短柔毛；茎下部叶具长柄，柄长为叶片的2～3倍，被倒向短柔毛，上部叶柄渐短；叶片圆肾形，长2～3 cm，宽4～6 cm，基部心形，掌状5～7裂近基部，裂片楔状倒卵形或菱形，下部楔形、全缘，上部羽状深裂，小裂片条状矩圆形，先端急尖，表面被短伏毛，背面主要沿脉被短伏毛。

花序腋生和顶生，长于叶，被倒生短毛和开展长腺毛，每花序梗具2花，花序梗常数个簇生茎端，花序呈伞形；萼片长卵形或近椭圆形，长5~7 mm，被柔毛或沿脉被开展糙毛和腺毛；花瓣淡紫红色，倒卵形，稍长于萼，先端圆，雄蕊稍短于萼片；蒴果长约2 cm，被糙毛。花期4—7月，果期5—9月。

【繁殖方式】自然繁殖方式是种子繁殖，人工繁殖方式有种子繁殖、分株繁殖。

【扩散途径】借助风力、灌溉等传播，也可通过种子夹带等方式传播、扩散。

【危害生境】野老鹳草喜温暖湿润气候，耐寒、耐湿，喜阳光充足。常见于海拔700~800 m的荒地、田园、路边和沟边。

九 其 他 科

【主要危害】主要危害农田作物，特别是油菜和小麦，导致作物减产，已经成为重要的农田杂草，对除草剂耐性较强。

【防控措施】

（1）加强口岸检疫监管：加强对进口货物、运输工具等携带野老鹳草子实的监控。

（2）化学防控：可使用苯磺隆、氯氟吡氧乙酸、2甲4氯、苯达松等除草剂单剂或混合使用，防除效果可达80%以上。

（3）农业防控：播种前种子要过筛清除草籽；农家肥的麦壳秸秆有此类草籽不宜作肥料，铲除田埂、圩堤上野老鹳草，不让结籽传种。轮作换茬，切断传播途径。

78. 小花山桃草（柳叶菜科）

【拉　丁　名】*Oenothera curtiflora* W. L. Wagner & Hoch
【别　　　名】光果小花山桃草
【分类地位】柳叶菜科月见草属
【分布范围】原产北美洲。我国河北、河南、山东、安徽、江苏、湖北、福建有引种。

【入侵中国的最早记载】1930年在山东烟台采集到标本。

【形态及生物学特征】

一年生草本植物，主根径达2 cm，全株尤茎上部、花序、叶、苞片、萼片密被伸展灰白色长毛与腺毛；茎直立，不分枝，或在顶部花序之下少数分枝，高50～100 cm。基生叶宽倒披针形，长达12 cm，宽达2.5 cm，先端锐尖，基部渐狭下延至柄。茎生叶狭椭圆形、长圆状卵形，有时菱状卵形，长2～10 cm，宽0.5～2.5 cm，先端渐尖或锐尖，基部楔形下延至柄，侧脉6～12对。

花序穗状，有时有少数分枝，生茎枝顶端，常下垂，长8～35 cm；苞片线形，长2.5～10 mm，宽0.3～1 mm。花傍晚开放；花管带红色，长1.5～3 mm，径约0.3 mm；萼片绿色，线状披针形，长2～3 mm，宽0.5～0.8 mm，花期反折；花瓣白色，以后变红色，密集呈鞭状、倒卵形，长1.5～3 mm，宽1～1.5 mm，先端钝，基部具爪；花丝长1.5～2.5 mm，基部具鳞片状附属物，花药黄色，长圆形，长0.5～0.8 mm，花粉在开花时或开花前直接授粉在柱头上（自花受精）；花柱长3～6 mm，伸出花管部分长1.5～2.2 mm；柱头围以花药，具深4裂。蒴果坚果状，纺锤形，长5～10 mm，径1.5～3 mm，具不明显4棱。种子4枚，或3枚（其中1室的胚珠不发

九 其 他 科

育），卵状，长3~4 mm，径1~1.5 mm，红棕色。花期7—8月，果期8—9月。

【繁殖方式】以种子繁殖为主，每株大约产1 380粒种子。

【扩散途径】可随货物和运输工具传播，或通过动物或人类活动传播。

【危害生境】常生于路边、荒滩地、田边。

【主要危害】小花山桃草生命力强，适应性广泛，繁殖迅速，一旦蔓延成灾，将改变入侵地原有的生物地理分布和生态系统的结构与功能，产生广泛的生物污染，从而危及土著群落的生物多样性。入侵作物田和果园导致农作物和果树减产，入侵铁路、公路等排斥其他草本植物，具有较强的化感作用，能抑制萝卜、小麦和白菜种子萌发。

【防控措施】

（1）物理防控：控制在适宜区域。花期前铲除，最好在果期拔掉后应集中焚烧。

（2）化学防控：幼苗期用乳氟禾草灵、草甘膦等除草剂防除。

（3）生物防控：引入天敌可控制小花山桃草的蔓延，已发现笨蝗可取食该植物之叶片。

79. 苘麻（锦葵科）

【拉　丁　名】*Abutilon theophrasti* Medikus
【别　　　名】椿麻、塘麻、青麻、白麻、车轮草
【分类地位】锦葵科苘麻属
【分布范围】原产印度，我国除西藏外，其他各地均有分布。
【入侵中国的最早记载】公元100—121年编撰的《说文解字》有记载。

九 其 他 科

【形态及生物学特征】

一年生亚灌木状草本，高达1～2 m，茎枝被柔毛。叶互生，圆心形，长5～10 cm，先端长渐尖，基部心形，边缘具细圆锯齿，两面均密被星状柔毛；叶柄长3～12 cm，被星状细柔毛；托叶早落。花单生于叶腋，花梗长1～13 cm，被柔毛，近顶端具节；花萼杯状，密被短绒毛，裂片5，卵形，长约6 mm；花黄色，花瓣倒卵形，长约1 cm；雄蕊柱平滑无毛，心皮15～20，长1～1.5 cm，顶端平截，具扩展、被毛的长芒2，排列成轮状，密被软毛。蒴果半球形，直径约2 cm，长约1.2 cm，分果爿15～20，被粗毛，顶端具长芒2；种子肾形，褐色，被星状柔毛。花期7—8月。

【繁殖方式】种子繁殖、分株繁殖和扦插繁殖,主要用种子繁殖。

【扩散途径】种子借风力、雨水、灌溉水进行传播。

【危害生境】常见于路旁、荒地和田野间。

【主要危害】主要危害豆类、薯类、瓜类、蔬菜、油菜、花生、棉花、烟草、果树等农作物,其对大豆危害较重,一般造成大豆减产10%~25%。

【防控措施】

(1) 物理防控:在开花前进行人工拔除或机械清除。

(2) 化学防控:化学防除苘麻,特别是大豆田有2个施药适期，一是播后苗前施药，常用的除草剂有异噁草松、丙炔氟草胺、嗪草酮、唑嘧磺草胺、甲咪唑烟酸等，土壤均匀喷雾处理；二是苗后施药，可用的除草剂品种主要有三氟羧草醚、乳氟禾草灵、氟磺胺草醚、灭草松、乙羧氟草醚等，茎叶均匀喷雾处理。

80. 刺果瓜（葫芦科）

【拉丁名】*Sicyos angulatus* L.

【别　　名】刺果藤、棘瓜、单子刺黄瓜、星刺黄瓜

【分类地位】葫芦科刺果瓜属

【分布范围】原产北美洲，后作为观赏植物引入欧洲，因逃逸成为杂草。已在欧洲、亚洲和大洋洲的多个国家发生。我国主要分布于北京、山东、辽宁、四川、云南、台湾。

【入侵中国的最早记载】最早于1987年在云南采集到标本。2003年发现于大连，2005年首次报道其危害性。

【形态及生物学特征】

　　一年生攀缘草本。茎长5~20 m，具纵棱，被开展的硬毛，具3~5分叉的卷须。叶互生，具柄；叶片圆形、卵圆形或宽卵圆形，3~5浅裂，长5~22 cm，宽3~30 cm，基部具深心形，裂片三角形，两面微糙。花单性，雌雄同株。雄花排列成总状花序，花序梗长10~20 cm；花萼钻形，长约1 mm；花冠黄白色，具绿色脉，直径9~14 mm，5深裂，裂片先端急尖。雌花直径约6 mm，淡绿色，聚成头状，花序梗长1~2 cm。果长卵圆形，长10~15 mm，先端渐尖，外面散生柔毛和长刚毛，黄色或土灰色，内含1种子。种子椭圆状卵形，长7~10 mm，光滑。花期7—10月，果期8—11月。

【繁殖方式】刺果瓜以种子繁殖。

【扩散途径】被作为观赏植物或通过种子运输等途径扩散到欧洲、亚洲的部分国家和地区。

【危害生境】刺果瓜的适应性强。刺果瓜虽然喜欢背阴的环境，但在低矮林间、悬崖底部、低地、田间、灌木丛、铁路旁、荒地等背阴或不背阴的环境中都能生存。

九 其 他 科

【主要危害】 刺果瓜通过竞争或占据本地物种生态位来排挤本地物种，它们与本地物种竞争生存空间、直接扼杀当地物种、分泌释放化学物质以抑制其他生物生长，减少本地物种的种类和数量，甚至导致物种濒危或灭绝，使玉米、大豆等旱地作物减产。

刺果瓜主要危害玉米，也危害大豆和高粱等作物，其通常缠绕在作物茎秆上，与作物竞争光照、水和养分，导致作物因大量覆盖而出现倒伏，甚至死亡的现象，进而导致作物减产。1株刺果瓜苗可危害333 m^2玉米，其入侵玉米田后会对玉米进行缠绕，影响玉米光合作用和授粉，进而使玉米减产。若防治不及时可使玉米减产50%~80%，甚至绝收。

【防控措施】

（1）加强植物检疫：刺果瓜种子容易混杂在粮食及包装材料中传播。同时，刺果瓜的果实上具刺，也会加剧其远距离扩散的可能。为了控制刺果瓜向未发生区传播蔓延，植物检疫部门需加强对进口粮食及国内、省内调运粮食、种子及其包装材料、运输车辆等的检疫。

（2）物理防控：春季拔苗，在4月中旬至5月中旬刺果瓜幼苗萌发期，采取人工分批拔除可从根本上杜绝其传播。夏季剪秧，在刺果瓜的生长旺季期，可采取剪秧的办法阻止根部营养供应从而控制其生长。秋季烧果，在刺果瓜果实成熟之前，可将果实收集起来，用火烧处理，控制其繁殖和传播。

（3）化学防控：使用除草剂来喷洒或涂抹刺果瓜的叶片和茎部，通过药剂的吸收和传导作用来杀灭刺果瓜。

（4）生物防控：引入刺果瓜的天敌，如天牛、寄生蜂、天蛾等。这些天敌可以有效地捕食刺果瓜或寄生在刺果瓜上，从而降低刺果瓜的种群数量。利用土壤中的微生物来抑制刺果瓜的生长，如利用一些微生物制剂来改变土壤环境，削弱刺果瓜的竞争能力。

81. 北美车前（车前科）

【拉丁名】*Plantago virginica* L.

【别　　名】毛车前

【分类地位】车前科车前属

【分布范围】原产北美洲，我国江苏、安徽、上海、浙江、江西、福建、台湾、湖南、四川、重庆、湖北、广西有分布。

【入侵中国的最早记载】最早于1934年在四川采集到该物种标本。

【形态及生物学特征】

一年生或二年生草本植物。直根纤细，有细侧根。根茎短。叶基生呈莲座状，平卧至直立；叶片倒披针形至倒卵状披针形，长（2～）3～18 cm，宽0.5～4 cm，先端急尖或近圆形，边缘波状、疏生牙齿或近全缘，基部窄楔形，下延至叶柄，边缘波状、疏生牙齿或近全缘，两面及叶柄散生白色柔毛，脉（3～）5条；叶柄长0.5～5 cm，具翅或无翅，基部鞘状。

九 其 他 科

穗状花序1至多数；花序梗直立或弓曲上升，长4~20 cm，较纤细，有纵条纹，密被开展的白色柔毛，中空；穗状花序细圆柱状，长（1~）3~18 cm，下部常间断；苞片披针形或狭椭圆形，长2~2.5 mm，龙骨突宽厚，宽于侧片，背面及边缘有白色疏柔毛。萼片与苞片等长或稍短，前对萼片倒卵圆形，龙骨突较宽，不达顶端，先端钝，两侧片不等宽，先端及背面有白色短柔毛，后对萼片宽卵形，龙骨突较狭，伸出顶端，两侧片较宽，龙骨突及边缘疏生白色短柔毛。花冠淡黄色，无毛，冠筒等长或略长于萼片；花两型，能育花的花冠裂片卵状披针形，长1.5~2.5 mm，直立，雄蕊着生于冠筒内面顶端，被直立的花冠裂片所覆盖，花药狭卵形，长仅0.25~0.3 mm，淡黄色，干后黄色，具狭三角形小尖头，花柱内藏或略外伸，以闭花受粉为主；风媒花通常不育，花冠裂片与能育花同形，但开展并于花后反折，雄蕊与花柱明显外伸，花药宽椭圆形，长1~1.1 mm，淡黄色，干后黄褐色，具三角形小尖头。胚珠2。

蒴果卵球形，长2~3 mm，于基部上方周裂。种子2，卵形或长卵形，长（1~）1.4~1.8 mm，腹面凹陷呈船形，黄褐色至红褐色，有光泽；子叶背腹向排列。花期4—5月，果期5—6月。

【繁殖方式】种子繁殖。

【扩散途径】其种子种皮含黏液质，吸湿后可以粘在路过的人，动物或交通工具上随处传播。

【危害生境】低海拔草地、路边、疏林、果园、菜地和夏熟作物田及湖畔。

【主要危害】种子多，繁殖能力极强，蔓延迅速，常入侵和危害草坪，为果园、旱田及草坪杂草。模拟增温，可以提高生长能力以及提高同化产物向繁殖器官的投资比例以及花和种子数量，入侵性增强。

【防控措施】

（1）物理防控：花果期前采用人工除草、机械刈割除治，须切断根部。

（2）化学防控：用灭草松、2甲4氯、草甘膦、草铵膦等除草剂防除。

（3）农业防控：水旱轮作，减少北美车前发生量。间作、套种，减少裸地、荒地，培植花卉、绿化草坪等，减少生存空间。